高职高专"十三五"规划教材

仪器分析
YIQI FENXI

第二版

张　威　主编
蔡自由　李明梅　副主编

化学工业出版社
·北京·

《仪器分析》（第二版）根据高职学生的知识结构特点，介绍了常用的仪器分析方法。内容包括：电位分析法、紫外-可见分光光度法、红外吸收光谱法、荧光分析法、原子吸收光谱分析法、色谱分析法导论、气相色谱法、高效液相色谱法、薄层色谱法、高效毛细管电泳法等。每章后配有习题，并附有参考答案。为更好地让学生理解和掌握仪器分析的知识与操作方法，本书配套有《仪器分析实训》。为方便教学，本书还配有电子课件。

本书内容简洁、易教易学，适用于高职院校的化学化工、药学、医学检验技术、食品工程技术、生物工程技术、预防医学、环境工程和化妆品技术及相关专业使用，也可供相关技术人员参考。

图书在版编目（CIP）数据

仪器分析/张威主编. —2版. —北京：化学工业出版社，2020.2（2024.2重印）
ISBN 978-7-122-35788-5

Ⅰ.①仪… Ⅱ.①张… Ⅲ.①仪器分析-高等职业教育-教材 Ⅳ.①O657

中国版本图书馆 CIP 数据核字（2019）第273472号

责任编辑：旷英姿　李　瑾　　　　　　装帧设计：王晓宇
责任校对：盛　琦

出版发行：化学工业出版社（北京市东城区青年湖南街13号　邮政编码100011）
印　　刷：北京云浩印刷有限责任公司
装　　订：三河市振勇印装有限公司
787mm×1092mm　1/16　印张11　字数221千字　2024年2月北京第2版第5次印刷

购书咨询：010-64518888　　　　　　　　售后服务：010-64518899
网　　址：http://www.cip.com.cn
凡购买本书，如有缺损质量问题，本社销售中心负责调换。

定　　价：32.00元　　　　　　　　　　　　　　　版权所有　违者必究

编写人员名单

主　　编　张　威
副 主 编　蔡自由　李明梅
编写人员　（按姓名汉语拼音排序）
　　　　　　蔡自由　广东食品药品职业学院
　　　　　　陈　凯　四川中医药高等专科学校
　　　　　　陈宗治　安庆医药高等专科学校
　　　　　　李明梅　江苏医药职业学院
　　　　　　商传宝　淄博职业学院
　　　　　　石　云　江苏医药职业学院
　　　　　　孙荣梅　中国药科大学
　　　　　　姚丹丹　盐城药品检验所
　　　　　　于丽燕　中国药科大学
　　　　　　张　威　江苏卫生健康职业学院
　　　　　　赵　斌　中山火炬职业技术学院

第二版前言

仪器分析是高职高专化学化工、药学、医学检验技术、食品工程技术、生物工程技术、预防医学、环境工程和化妆品技术等专业所开设的一门重要课程。为适应教学需要，我们组织多年从事仪器分析技术教学的一线老师，编写了《仪器分析》教材，由化学工业出版社于2010年7月出版。本书自出版后，被较多的高职院校采用作为相关专业教材，均肯定本书是一本内容"必需、够用"兼具学生发展、易教易学的好教材，并一再重印。

随着"校企合作，工学结合"课程体系的教学改革和高职人才培养模式的不断创新，对知识结构和内容的需求也发生了一些变化，结合使用本教材的教师和学生的建议，我们对第一版教材进行了适当的修订。

本教材的修订延续了第一版教材特色，选择内容力求更加契合高职高专层次学生对仪器分析技术的要求。根据各专业教学要求和特点，保留了第一版的主要内容，将原第三章"光分析法导论"整合进第四章"紫外-可见分光光度法"中，删除了内容陈旧的"知识链接"，使教材更加简洁；并根据新技术的发展和生产实践中新工作任务要求，增加了"高效毛细管电泳"这一章内容，其余各章内容基本保留。

本教材由张威主编和统稿。其中第一章由张威编写，第二章由李明梅编写，第三章由赵斌、石云编写，第四章由蔡自由编写，第五章由陈凯编写，第六章由陈宗治编写，第七章由孙荣梅编写，第八章由商传宝编写，第九章由姚丹丹编写，第十章由于丽燕编写，第十一章由张威编写。

在编写与修订过程中，我们参考了国内外的有关书籍和教材，吸取了各书的经验，在此，谨向各书的编者和出版者表示深切的谢意。由于编者水平有限，编写与修订经验不足，书中难免存在疏漏，敬请专家和读者批评指正。

编者

2019年10月

目 录

第一章 绪论 ………………………………………………………………………… 001
  第一节 仪器分析方法的分类 ……………………………………………………… 001
    一、电化学分析法 ………………………………………………………………… 001
    二、光学分析法 …………………………………………………………………… 001
    三、色谱分析法 …………………………………………………………………… 002
  第二节 仪器分析的特点和任务 …………………………………………………… 002
  第三节 仪器分析的应用及发展趋势 ……………………………………………… 003
  习题 …………………………………………………………………………………… 004

第二章 电位分析法 ………………………………………………………………… 006
  第一节 指示电极和参比电极 ……………………………………………………… 006
    一、指示电极 ……………………………………………………………………… 006
    二、参比电极 ……………………………………………………………………… 008
    三、复合电极 ……………………………………………………………………… 009
  第二节 直接电位法 ………………………………………………………………… 010
    一、基本原理 ……………………………………………………………………… 010
    二、玻璃电极及溶液的 pH 测定 ………………………………………………… 010
    三、离子选择性电极的定量方法 ………………………………………………… 013
  第三节 电位滴定法 ………………………………………………………………… 016
    一、电位滴定法的基本原理 ……………………………………………………… 016
    二、确定终点的方法 ……………………………………………………………… 016
    三、自动电位滴定仪 ……………………………………………………………… 018
  第四节 永停滴定法简介 …………………………………………………………… 019
    一、永停滴定法基本原理 ………………………………………………………… 019
    二、永停滴定仪 …………………………………………………………………… 019
    三、判断终点的方法 ……………………………………………………………… 020
  习题 …………………………………………………………………………………… 021

第三章 紫外-可见分光光度法 …………………………………………………… 024
  第一节 概述 ………………………………………………………………………… 025

  一、光的性质 …………………………………………………………… 025
  二、光与物质的相互作用 ……………………………………………… 026
  三、原子光谱与分子光谱 ……………………………………………… 026
 第二节 基本原理 …………………………………………………………… 028
  一、透光率和吸光度 …………………………………………………… 028
  二、朗伯-比尔定律 …………………………………………………… 028
  三、吸光系数 …………………………………………………………… 030
  四、吸收光谱 …………………………………………………………… 030
 第三节 紫外-可见分光光度计 …………………………………………… 031
  一、基本构造 …………………………………………………………… 031
  二、常见紫外-可见分光光度计类型 ………………………………… 033
 第四节 分析条件的选择 …………………………………………………… 034
  一、仪器条件的选择 …………………………………………………… 034
  二、显色条件的选择 …………………………………………………… 035
  三、参比溶液的选择 …………………………………………………… 036
 第五节 紫外-可见分光光度法的应用 …………………………………… 036
  一、定性分析 …………………………………………………………… 036
  二、定量分析 …………………………………………………………… 037
 习题 ……………………………………………………………………………… 041

第四章 红外吸收光谱法 ……………………………………………………… 044
 第一节 概述 ………………………………………………………………… 044
 第二节 基本原理 …………………………………………………………… 045
  一、产生红外吸收的两个必要条件 …………………………………… 045
  二、分子的振动和红外光谱 …………………………………………… 046
 第三节 基团频率和特征吸收峰 …………………………………………… 048
  一、重要红外光谱区域 ………………………………………………… 048
  二、影响基团频率的因素 ……………………………………………… 050
 第四节 傅里叶变换红外光谱仪（FT-IR）和样品处理方法 …………… 052
  一、傅里叶变换红外光谱仪 …………………………………………… 052
  二、样品处理方法 ……………………………………………………… 053
 第五节 红外吸收光谱法的应用 …………………………………………… 054
  一、已知化合物的定性鉴别 …………………………………………… 054
  二、未知化合物的结构分析 …………………………………………… 055
  三、定量分析 …………………………………………………………… 057
 习题 ……………………………………………………………………………… 058

第五章 荧光分析法 ·· 060

第一节 基本原理 ·· 060
　　一、分子荧光和磷光的产生 ··· 060
　　二、激发光谱、荧光光谱 ·· 062
　　三、荧光强度与浓度的关系 ··· 063
　　四、影响荧光强度的因素 ·· 064
第二节 荧光光度计 ·· 066
第三节 荧光分析法的应用 ··· 067
　　一、定性分析 ·· 067
　　二、定量分析 ·· 067
习题 ··· 068

第六章 原子吸收光谱分析法 ·· 071

第一节 原子吸收分光光度法的基本原理 ······································ 071
　　一、原子吸收光谱的产生 ·· 071
　　二、基态原子与待测元素含量的关系 ·· 073
　　三、原子吸收线轮廓及其测量 ·· 073
第二节 原子吸收分光光度计 ··· 076
　　一、光源 ··· 077
　　二、原子化器 ·· 077
　　三、分光系统 ·· 078
　　四、检测系统和读数系统 ·· 078
第三节 原子吸收光谱法的分析方法 ·· 080
　　一、定量分析方法 ··· 080
　　二、灵敏度和检出限 ··· 081
第四节 干扰及消除方法 ·· 082
　　一、物理干扰与消除 ··· 082
　　二、化学干扰与消除 ··· 082
　　三、电离干扰与消除 ··· 083
　　四、光谱干扰与消除 ··· 083
习题 ··· 085

第七章 色谱分析法导论 ·· 089

第一节 色谱分析法及其基本概念 ·· 089
　　一、色谱分析法的产生和发展 ·· 089
　　二、色谱分析法分类 ··· 090

三、色谱图及常用术语 ·· 090
第二节　色谱分析法基本理论 ·· 093
　　一、塔板理论 ·· 093
　　二、速率理论 ·· 094
　　三、色谱分离总效能的衡量 ·· 096
第三节　色谱分析法定性和定量分析方法 ·· 097
　　一、定性分析 ·· 097
　　二、定量分析 ·· 098
习题 ·· 100

第八章　气相色谱法 ·· 103

第一节　气相色谱仪 ·· 104
　　一、气路系统 ·· 104
　　二、进样系统 ·· 105
　　三、分离系统 ·· 105
　　四、检测系统和记录系统 ·· 105
　　五、温度控制系统 ··· 106
第二节　气相色谱的固定相 ·· 106
　　一、固体固定相 ·· 106
　　二、液体固定相 ·· 106
　　三、聚合物固定相 ··· 107
第三节　气相色谱检测器 ·· 108
　　一、检测器的主要技术指标 ·· 108
　　二、热导检测器 ·· 108
　　三、氢火焰离子化检测器 ·· 109
第四节　操作条件的选择 ·· 111
　　一、载气及其流速选择 ··· 111
　　二、柱温的选择 ·· 112
　　三、载体和固定液含量的选择 ··· 112
第五节　毛细管柱色谱 ·· 113
　　一、毛细管柱的特点和类型 ·· 113
　　二、毛细管柱色谱系统 ··· 114
习题 ·· 115

第九章　高效液相色谱法 ·· 118

第一节　高效液相色谱仪 ·· 119

  一、高压输液系统 ………………………………………………………… 120
  二、进样系统 …………………………………………………………… 122
  三、分离系统 …………………………………………………………… 123
  四、检测系统 …………………………………………………………… 123
 第二节 高效液相色谱的类型 ………………………………………………… 127
  一、液-固吸附色谱 ……………………………………………………… 127
  二、液-液分配色谱 ……………………………………………………… 129
  三、化学键合相色谱 …………………………………………………… 129
  四、离子交换色谱 ……………………………………………………… 130
  五、凝胶色谱 …………………………………………………………… 130
 习题 ……………………………………………………………………………… 131

第十章 薄层色谱法 ……………………………………………………… 133

 第一节 基本原理 ……………………………………………………………… 133
  一、分离原理 …………………………………………………………… 133
  二、吸附剂（固定相） …………………………………………………… 134
  三、展开剂（流动相） …………………………………………………… 136
 第二节 操作方法 ……………………………………………………………… 137
  一、制板 ………………………………………………………………… 137
  二、点样 ………………………………………………………………… 138
  三、展开 ………………………………………………………………… 138
  四、斑点定位 …………………………………………………………… 139
 第三节 定性和定量方法 …………………………………………………… 140
  一、定性方法 …………………………………………………………… 140
  二、定量方法 …………………………………………………………… 140
 习题 ……………………………………………………………………………… 144

第十一章 高效毛细管电泳法 …………………………………………… 147

 第一节 毛细管电泳的基本原理 ………………………………………… 147
  一、基本原理 …………………………………………………………… 148
  二、电渗现象和电渗流 ………………………………………………… 148
  三、影响电渗流的因素 ………………………………………………… 150
  四、柱效和分离度 ……………………………………………………… 152
 第二节 毛细管电泳仪 …………………………………………………… 154
  一、高压电源 …………………………………………………………… 154
  二、毛细管柱 …………………………………………………………… 154

三、缓冲液槽 ·· 155
　　四、进样系统 ·· 155
　　五、检测器 ·· 155
　　六、数据记录和处理系统 ·· 156
　第三节　毛细管电泳相关技术 ·· 156
　　一、进样技术 ·· 156
　　二、操作流程 ·· 157
　第四节　常用毛细管电泳分离模式 ···································· 158
　　一、毛细管区带电泳 ·· 158
　　二、毛细管凝胶电泳 ·· 159
　　三、毛细管胶束电动色谱 ·· 160
　　四、毛细管等电聚焦电泳 ·· 160
　　五、毛细管等速电泳 ·· 161
　　六、毛细管电色谱 ·· 161
　　七、毛细管电泳芯片 ·· 161
　习题 ·· 162

各章选择题参考答案 ·· 165

参考文献 ·· 166

第一章
绪 论

> **学习目标**
> 1. 了解化学分析、仪器分析的关系；
> 2. 了解常用的仪器分析方法；
> 3. 了解仪器分析的特点和任务；
> 4. 熟悉仪器分析在各个领域的应用及发展趋势。

研究物质的组成、状态和结构的科学，称为分析化学。分析化学一般可分为化学分析和仪器分析。化学分析是以被测物质的化学反应为基础的分析方法，如重量分析法和滴定分析法等，一般用于常量或半微量分析；仪器分析是在化学分析的基础上逐步发展起来的一类分析方法，以被测物质的物理或物理化学性质为基础，一般用于微量或痕量组分的分析。随着科学技术的迅猛发展，仪器分析方法也得到了不断创新和进步，其应用领域不断扩大，已成为药学、医学检验、食品卫生、预防医学等学科的重要专业基础课。因此，有关仪器分析方法的基本原理和实验技术，已成为从事这些工作的人所必须掌握的基础知识和基本技能。

第一节 仪器分析方法的分类

由于物质的物理或物理化学性质很多，因此仪器分析的方法众多，而且各自比较独立，可以自成体系。常用的仪器分析方法根据分析的原理，通常可以分为以下几大类。

一、电化学分析法

电化学分析法是利用待测组分在溶液中的电化学性质进行分析测定的一类仪器分析方法，其理论基础是电化学与化学热力学。它通常是将分析试样溶液构成一个化学电池，然后根据所组成电池的某些物理量与其化学量之间的内在联系进行定性或定量分析。根据所测量的电信号不同可分为：电位分析法、伏安分析法、电导分析法与电解分析法（库仑分析法）。本课程重点学习电位分析法。

二、光学分析法

光学分析法是利用待测组分的光学性质进行分析测定的一类仪器分析方法，其理论基础是物理光学、几何光学和量子力学。通常分为光谱法和非光谱法两类：光谱法是基于物质吸收外界能量时，物质的原子或分子内部发生能级之间的跃迁，产生发射光谱或吸收光谱，再根据其中的发射光或吸收光的波长与强度，进行定性分析、定量分析、结构分析等；非光谱法一般包括旋光（偏振光）分析法、折射光分析法、比浊分析法、光导纤维传感分析法、光及电子衍射分析法等。本课程重点学习光谱分析法。

三、色谱分析法

色谱分析法是利用物质中的各组分在互不相溶的两相（固定相与流动相）中的吸附、分配、离子交换、排斥渗透等性能方面的差异进行分离分析测定的一类仪器分析方法。其主要理论基础是化学热力学和化学动力学。色谱分析法分为气相色谱法、高效液相色谱法、薄层色谱法和离子色谱法等。本课程重点学习气相色谱法、高效液相色谱法和薄层色谱法。

第二节　仪器分析的特点和任务

随着科学技术日新月异的发展，仪器分析方法应用日益广泛，是因为它具有显著的优点。

（1）灵敏度高　仪器分析可以分析含量很低的组分，质量分数可达 10^{-8} 或 10^{-9} 数量级。

（2）操作简便而快速　例如，高效液相色谱法只要数分钟，就可以分离数十种化合物。

（3）自动化程度高　绝大多数仪器分析法将试样溶液的浓度或物理性质转换成电信号，这样就易于实现自动化或与计算机相连，使分析程序自动化完成。

（4）需要的试样少　例如，气相色谱法分析只需几微升试样。

（5）用途广泛　现代仪器分析不仅用来进行定性分析、定量分析，也是结构分析极为重要和必不可少的工具（如红外吸收光谱法），因此在工农业生产和科学研究中具有广泛的用途。

当然，仪器分析也有一些局限性，例如：仪器比较复杂，价格昂贵；某些仪器对工作环境要求较高；它们的准确度不够高，相对误差常在百分之几左右，这样的准确度对低含量组分的分析已能完全满足要求，但对常量组分的分析，就不能达到像滴定分析那样较高的准确度，因而在方法的选用上要考虑这一点。此外，用仪器对试样进行分析测定之前，一般都要用化学方法对试样进行预处理；仪器分析方法的结果一般都需要以经化学分析法标定好的标准物进行校准，可见仪器分析方法仍须化学分析法的配合。

由于仪器分析法在分析中有很多优点，本课程本着"适度、够用"的原则，介绍了仪器分析的基本理论及其对物质进行分析测定的基本原理、基本方法、基本技巧等内容。其主要任务是开拓学生的创新思维，训练学生使用仪器分析的测试手段，培养和提高学生的科学素质、创新意识和获取知识的能力，以适应当前我国经济和科学技术发展对应用型人才的需要和要求。因此对于从事药学、医学检验、食品卫生、预防医学等专业的高职毕业学生，认真学习仪器分析及实验技术具有非常重要的意义。

第三节　仪器分析的应用及发展趋势

现代科学技术的发展，导致各学科相互渗透、相互促进、相互结合，使仪器分析得到了迅速的发展，应用领域非常宽广。从分析对象上看，与生命科学、环境科学、新材料科学有关的仪器分析法已成为分析科学中最为热门的课题；从分析手段上看，多种方法相互融合使测定趋向灵敏、快速、准确、简便和自动化；从分析方法上看，计算机在仪器分析中的应用和化学计量学是最活跃的领域，推动了仪器分析的迅猛发展，使得老方法更趋于完善，新仪器不断涌现，新方法层出不穷。

首先，在电化学分析方面，常用的是酸度计，并且由此衍生出一系列应用方法。例如，导数差示脉冲极谱法现已运用于抗生素、维生素、激素及中草药有效成分等多种药物的定性与定量分析中。特别是这项技术与其他技术的联用（如俄歇电子能谱、拉曼低能电子衍射等），再加上计算机技术，可大大提高灵敏度，拓展其应用范围。例如，脉冲伏安技术可使灵敏度有很大提高，达到 10^{-12} mol 数量级。此外，化学传感器、离子选择性电极和生物传感器方面的应用扩展了电分析化学研究的时空范围，适应了生物分析及生命科学发展的需要；在生命科学活体分析中，微电极技术也有很好的应用前景。

 链接

21 世纪分析科学的仿生化和智能化

分析科学的发展可以概括为：20 世纪 50 年代仪器化，60 年代电子化，70 年代计算机化，80 年代智能化，90 年代信息化。21 世纪将是仿生化和进一步智能化，在化学传感器和生物传感器上表现得尤为突出。化学传感器逐渐向小型化、仿生化方向发展，诸如生物芯片，化学和物理芯片，嗅觉（电子鼻）、味觉（电子舌）、鲜度和食品检测传感器等。生物传感器大体有 5 种：酶传感器、组织传感器、微生物传感器、免疫传感器、场效应生物传感器等。其原理都是基于电化学、光学、热学等构成的。其探头均由两个主要部分组成，一是对被测定物质（底物）具有高选择性的分子识别能力的膜所构成的"感受器"；二是能把膜上进行的生物化学反应中消耗或生成的化学物质或产生的光和热转变为电信号的"换能器"。"感受器"所得的信号经"换能器"电子技术处理，即可在仪器上显示和记录下来。21 世纪分析仪器的核心是信号传感。

其次,在光谱分析方面,常用的有紫外-可见分光光度法、红外光谱法、荧光光度法、原子吸收法等。其中紫外-可见分光光度法主要用于药物制剂的含量测定、均匀度或溶出度检查,为《中华人民共和国药典》(简称《中国药典》)仪器分析方法中应用频率最高的几种方法之一。红外光谱法则是有机原料药最有效的鉴别方法,可进行有机结构的"指纹"分析。另外,导数、差示、系数倍率、三波长、正交函数等分光光度法在一定程度上可消除杂质干扰,减少分离步骤。光谱分析在引入等离子体、傅里叶变换、激光技术和光导纤维传感技术后,出现了电感耦合高频等离子体原子发射光谱、傅里叶变换-红外光谱、等离子体质谱、激光光谱和化学发光光谱等一系列光谱分析新技术,可以提高灵敏度和减少干扰。例如,傅里叶变换红外光谱和色谱-质谱-计算机联用,能用于有机药物结构的快速准确分析。另外,强激光源和同步加速辐射源的使用,可使光谱灵敏度增加几个数量级。例如,激光诱导荧光光谱的灵敏度已达 10^{-22} g,达到了检测单个分子的水平,可用于癌症的早期诊断。

第三,在色谱分析方面,常用的有气相色谱、毛细管电泳色谱、高效液相色谱、手性色谱、超临界流体色谱、电色谱等。其中高效液相色谱技术在药物分析中占有重要地位,也是《中国药典》中使用频率最高的几种仪器分析方法之一。对于含有挥发性成分的中草药,气相色谱有独到的作用。而毛细管电泳色谱是近十年来快速发展的一种分离分析技术,适用于离子型生物大分子,如氨基酸、核酸、肽及蛋白质分析,甚至细胞和病毒等的快速、高效测定,在生物分析及生命科学领域中有极为广阔的应用前景。

最后,计算机应用的普及给仪器分析带来了巨大的变革。很多分析仪器中,计算机已经作为其组成部分,赋予分析仪器某些"智能",成为其"大脑"。不少装有计算机的分析仪器具有人机对话的功能,从样品测定、数据处理到给出实验报告、仪器故障诊断等,整个操作过程全部实现仪器智能化控制,大大提高了准确度、灵敏度和分析速度,并使操作更简便,测定的自动化程度更高。例如,现在很多色谱仪都配备了基于计算机的"工作站",不但可以分析处理实验结果,还可以通过计算机设定分析流程,控制色谱仪中分析过程的各种条件。

习题

一、填空题

1. 研究物质的_____、_____和_____的科学,称为分析化学。分析化学一般可分为_____和_____。

2. _____是利用待测组分在溶液中的电化学性质进行分析测定的一类仪器分析方法,通常是将分析试样溶液构成一个_____,然后根据所组成电池的某些物理量与其化学量之间的内在联系进行_____或_____分析。

3. _____是利用待测组分的光学性质进行分析测定的一类仪器分析方法，通常分为_____和_____两类，其中_____是基于物质吸收外界能量时，物质的原子或分子内部发生能级之间的跃迁，产生_____光谱或_____光谱进行分析的。

二、简答题

1. 常用的仪器分析方法分为哪几类？它们的原理是什么？
2. 仪器分析有哪些特点？
3. 仪器分析方法的发展趋势怎样？

第二章
电位分析法

> **学习目标**
> 1. 了解电化学分析法中常用电极及其在溶液分析中的应用；
> 2. 掌握指示电极、参比电极的概念；
> 3. 掌握直接电位法测定溶液 pH 的原理和方法；
> 4. 掌握永停滴定法的原理和应用。

电位分析法是电化学分析方法的重要分支，它的实质是通过在零电流条件下测定两电极间的电位差（即所构成原电池的电动势）进行分析测定。它包括电位测定法和电位滴定法。

电位法使用的电极有两种，一种是指示电极，另一种是参比电极。

第一节 指示电极和参比电极

一、指示电极

电位分析法中电极的电位值随溶液待测离子的活度（浓度）变化而变化的电极，称为指示电极。一般而言，作为指示电极应符合以下条件：一是电极电位与待测组分活（浓）度间的关系符合能斯特方程式；二是对所测组分响应快，重现性好；三是简单耐用。电位法所用的指示电极常见的有以下几类。

1. 第一类电极

金属-金属离子电极：由金属插入含有该金属离子的溶液中所组成的电极叫金属-金属离子电极，简称金属电极。其电极电位决定于溶液中金属离子的浓度，可作为测定金属离子浓度的指示电极。如银丝插入含 Ag^+ 的溶液中组成的银电极，可表示为：$Ag|Ag^+(a)$。

电极反应和电极电位（25℃）分别为：

$$Ag^+ + e \rightleftharpoons Ag$$

$$\varphi = \varphi^{\ominus}_{Ag^+/Ag} + 0.05916 \lg a_{Ag^+} \tag{2-1}$$

这类电极还有 Cu^{2+}/Cu、Zn^{2+}/Zn、Ni^{2+}/Ni 等，这类电极的电极电位仅与金属离子的活度有关，故可用金属电极测定溶液中相同金属离子的活度或浓度。

2. 第二类电极

金属-金属难溶盐电极：由表面有同一种金属的难溶盐的金属插入该难溶盐的阴离子溶液中组成。该类电极的电极电位能反映与金属离子生成难溶盐的阴离子活（浓）度。如银-氯化银电极、甘汞电极等，常用作参比电极（参见参比电极）。

3. 零类电极（惰性金属电极）

由惰性金属（铂或金）插入含有某氧化态和还原态电对的溶液中构成。其中惰性金属不参与电极反应，仅在电极反应过程中起一种传递电子的作用。其电极电位决定于溶液中氧化态和还原态物质活度（浓度）的比值，可作为测定溶液中氧化态和还原态物质活度（浓度）比值的指示电极。如将 Pt 插入含有 Fe^{3+}、Fe^{2+} 的溶液中，Pt 不参与反应，仅作为 Fe^{2+}、Fe^{3+} 发生转化时电子转移的场所，可表示为：$Pt|Fe^{3+},Fe^{2+}$。

其电极反应和电极电位（25℃）分别为：

$$Fe^{3+}+e \rightleftharpoons Fe^{2+}$$

$$\varphi=\varphi^{\ominus}_{Fe^{3+}/Fe^{2+}}+0.05916\lg\frac{a_{Fe^{3+}}}{a_{Fe^{2+}}} \tag{2-2}$$

4. 离子选择性电极

离子选择性电极（ion selective electrode，ISE）是一种对溶液中待测离子有选择性响应的电极，亦称膜电极。在膜电极上无半电池反应、无电子的交换，电极电位的形成是基于离子在膜上的扩散和交换等作用的结果。pH 玻璃电极就是具有氢离子专属性的典型离子选择性电极。目前国内外已有几十种离子选择性电极，例如对 Na^+ 有选择性的钠离子玻璃电极；以 LaF_3 单晶为电极膜的氟离子选择电极；以卤化银或硫化银（或它们的混合物）等难溶盐沉淀为电极膜的各种卤素离子、硫离子选择性电极等等。由于所需仪器设备简单、轻便，适于现场测量，因此应用较广。

离子选择性电极构造上一般都包括电极膜、电极管、内充溶液和参比电极四个部分，如图 2-1 所示。电极的选择性随电极膜特性而异。当把电极浸入试液时，膜内外有选择性响应的离子通过离子交换或扩散作用在膜两侧建立电位差，平衡后形成膜电位，此电位与溶液中响应离子的活度有关，并符合 Nernst 方程式：

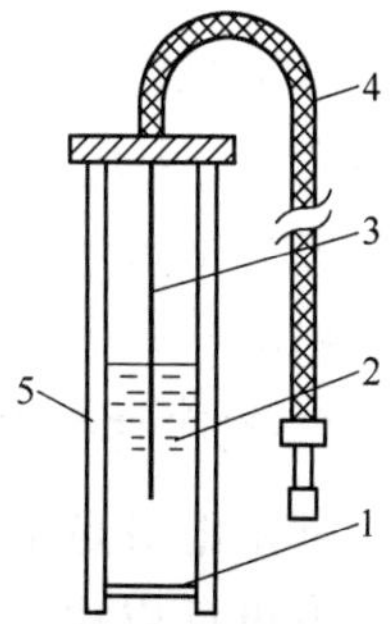

$$\varphi=K\pm\frac{2.303RT}{nF}\lg a=K'\pm\frac{2.303RT}{nF}\lg c \tag{2-3}$$

25℃时 $$\varphi=K\pm\frac{0.05916}{n}\lg a=K'\pm\frac{0.05916}{n}\lg c \tag{2-4}$$

离子选择性电极是一个半电池（气敏电极除外），必须和

图 2-1 离子选择性电极结构示意
1—敏感膜；2—内参比溶液；3—内参比电极；4—带屏蔽的导线；5—电极杆

适当的参比电极组成完整的电化学电池。而且在一般情况下，电池的电动势的变化完全反映了离子选择性电极膜电位的变化，因此它可直接用于电位法测量溶液中某一特定离子活度的指示电极。

离子选择性电极是一类选择性好、灵敏度高、发展较快和应用较广的指示电极。离子选择性电极测定离子所需设备简单，便于现场自动连续监测和野外分析。能用于有色溶液和浑浊溶液，一般不需进行化学分离，操作简便迅速。可以分辨不同离子的存在形态，在阴离子分析方面有明显的优点。目前已广泛应用于各种工业分析、临床化验、药品分析、环境监测等各领域。

 知识拓展

离子选择性电极的发展

玻璃电极是最早使用的离子选择性电极。1906 年，M. Cremer（Z. Biol.，1906, 47：562）首先发现玻璃电极可用于测定；1909 年，F. Haber（Z. Phys. Chem., 1909, 67：385）对其进行系统的实验研究；19 世纪 30 年代，玻璃电极测定 pH 的方法成为最方便的方法（通过测定分隔开的玻璃电极和参比电极之间的电位差）；19 世纪 50 年代，由于真空管的发明，很容易测量阻抗为 100MΩ 以上的电极电位，因此其应用开始普及。

19 世纪 60 年代，对 pH 敏感膜进行了大量而系统的研究，发展了许多对 K^+、Na^+、Ca^{2+}、F^-、NO_3^- 响应的膜电极并市场化。

二、参比电极

参比电极是与被测物质无关，电位已知且稳定，提供测量电位参考的恒电位电极。参比电极应符合以下基本要求：①电位稳定，可逆性好，在测量电池电动势的过程中有微弱电流通过时电位能保持不变；②重现性好；③简单耐用。

标准氢电极（SHE）是作为确定其他电极电位的基准电极，国际纯粹与应用化学联合会（IUPAC）规定其电位在标准状态下为零，通常其他电极值就是相对于标准氢电极电位确定的，但由于制作过程比较麻烦，故目前用得较少。在实际测量中常用以下几类参比电极。

1. 饱和甘汞电极（SCE）

甘汞电极是由金属汞、甘汞（Hg_2Cl_2）和 KCl 溶液组成的。其构造如图 2-2 所示。电极反应式为：

$$Hg_2Cl_2 + 2e \rightleftharpoons 2Hg + 2Cl^-$$

25℃时，其电极电位为：

$$\varphi = \varphi^{\ominus}_{Hg_2Cl_2/Hg} - 0.05916 \lg a_{Cl^-} \quad (2-5)$$

式（2-5）表明，当温度一定时，甘汞电极的电位随氯离子浓度的变化而变化。当氯离子浓度一定时，则甘汞电极的电位就为一定值。在不同浓度的 KCl 溶液中，电极电位的数值见表 2-1。

表 2-1　甘汞电极的电极电位（25℃）

KCl 溶液浓度	0.1mol/L	1mol/L	饱和
电极电位 φ/V	0.3337	0.2801	0.2412

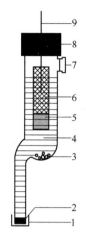

图 2-2　饱和甘汞电极示意图
1—橡皮帽；2—多孔物质；3—KCl 结晶；
4—KCl 饱和液；5—棉絮塞；6—汞和
甘汞糊；7—橡皮帽；8—电极帽；9—铂丝

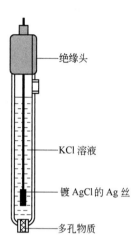

图 2-3　银-氯化银电极

其中饱和甘汞电极是电位分析法中最常用的参比电极。其电位稳定，构造简单，保存和使用都很方便。

2. 银-氯化银电极（SSE）

银-氯化银电极是由涂镀一层氯化银的银丝插入到一定浓度的氯化钾溶液中所构成的，如图 2-3 所示，可表示为：Ag，AgCl|Cl$^-$(a)。

电极反应和电极电位（25℃）分别为：

$$AgCl + e \rightleftharpoons Ag + Cl^-$$

$$\varphi = \varphi^{\ominus}_{AgCl/Ag} - 0.05916 \lg a_{Cl^-} \tag{2-6}$$

由式(2-6)可知，当 Cl$^-$活度和温度一定时，SSE 的电极电位为恒定不变值。由于银-氯化银电极结构简单，可以制成很小的体积，使用方便，性能可靠，因此常用作其他离子选择电极的内参比电极。

三、复合电极

复合电极是一种将指示电极和参比电极在制作时组合在一起的电极形式，如图 2-4 所示，是在 pH 测定中被广泛使用的复合 pH 电极，这种电极通常是由 pH 玻璃电极（指示电极）和 Ag-AgCl 电极（参比电极）组成的。此电极具有结构简单、使用方便的优点。

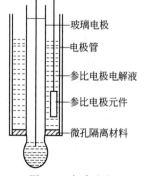

图 2-4　复合电极

第二节　直接电位法

直接电位法（direct potentiometry）是利用电池电动势与待测组分浓度之间的函数关系，通过测定电池电动势而直接求得样品溶液中待测组分的浓度的电位法。该法通常用于测定溶液的 pH 和其他离子的浓度。

一、基本原理

它是以待测试液作为化学电池的电解质溶液，并于其中浸入两个电极，其中一个是指示电极，另一个是参比电极，用电极电位仪（pH 计或离子计等）在零电流条件下，测定这个电池的电动势，再根据其电极电位与待测物质的活（浓）度间的确定的函数关系计算出待测物质的含量。

二、玻璃电极及溶液的 pH 测定

玻璃电极是最早被人们使用的离子选择性电极，是电位法测定溶液 pH 中最常用的指示电极。

1. 玻璃电极

（1）构造　pH 玻璃电极的构造如图 2-5 所示。它的主要部分是在玻璃管下端接一个厚度约为 0.05～0.1mm 的球形玻璃膜，这种特殊的膜是在 SiO_2 基质中加入 Na_2O 及少量 CaO 烧制而成的。球内通常充 0.1mol/L 的 HCl 作为内参比溶液，其中插入一根镀有 AgCl 的 Ag 丝，与内参比溶液构成 Ag-AgCl 内参比电极。由于玻璃电极的内阻很高，因此导线和电极的引出端都需要高度绝缘，并装有屏障隔离罩以防漏电和静电干扰。

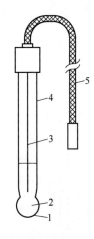

图 2-5　玻璃电极示意图
1—玻璃薄膜；2—内参比溶液；
3—内参比电极（Ag-AgCl）；
4—玻璃管；5—接线

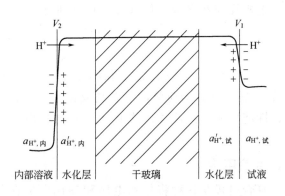

图 2-6　膜电位产生示意图

(2) 响应机理 玻璃电极在使用前必须在水中浸泡一定时间,这一过程称为水化。玻璃敏感膜水化时一般能吸收水分,在玻璃膜表面形成一层很薄的水化凝胶层,其厚度约为 $10^{-5} \sim 10^{-4}$ mm。该层表面上 Na^+ 点位几乎全被 H^+ 所替换。当浸泡好的玻璃电极插到溶液中时,水化凝胶层与溶液接触,由于凝胶层表面上的 H^+ 浓度与溶液中的 H^+ 浓度不相等,便从浓度高的一侧向浓度低的一侧迁移,当达到平衡时,在溶液与膜相接触的两相界面之间形成双电层,产生电位差,即产生了一定的内外膜相界电位。由于膜外侧溶液的 H^+ 浓度与膜内溶液的 H^+ 浓度不同,则内外膜相界电位也不相等,这样跨越玻璃膜产生的电位差,则称为玻璃电极的膜电位 $\varphi_{膜}$($\varphi_{膜} = \varphi_{外} - \varphi_{内}$)。如图 2-6 所示。

由于内参比溶液的 H^+ 浓度是一定的,因此 $\varphi_{膜}$ 的大小主要是由待测溶液的 H^+ 浓度决定的,所以 25℃时膜电位可表示为:

$$\varphi_{膜} = K + 0.05916 \lg[H^+]_{外} \tag{2-7}$$

式中,K 为膜电位的性质常数,与膜的物理性能和内参比溶液的 H^+ 浓度有关。

玻璃电极的电位是由膜电位与内参比电极的电位决定的,在一定条件下内参比电极的电位是定值,因此在 25℃时玻璃电极的电位可表示为:

$$\varphi_{玻璃} = K' + 0.05916 \lg[H^+]_{外} = K' - 0.05916 \mathrm{pH}_{外} \tag{2-8}$$

式中,K' 表示玻璃电极的性质常数,其值与膜电位的性质和内参比电极的电位有关。此式说明,在一定温度下玻璃电极的膜电位与溶液的 pH 呈线性关系。

(3) 性能

① **电极斜率** 由式(2-8)可知,当温度为 25℃,溶液中的 pH 改变一个单位时,引起玻璃电极电位的变化为 0.059V(即 59mV),此值称为电极斜率,用 S 表示,即:

$$S = -\frac{\Delta \varphi}{\Delta \mathrm{pH}} \tag{2-9}$$

由于玻璃电极长期使用会老化,因此玻璃电极的实际斜率都略小于其理论值。在 25℃时,实际斜率若低于 52mV/pH 时就不宜使用。

② **不对称电位** 当玻璃膜内、外两侧的 H^+ 活度相等时,理论上膜电位 $\varphi_{膜} = 0$。但实际上并不为零,仍有 1~30mV 的电位差存在,此电位差称为不对称电位。它主要是由于玻璃膜内、外表面含钠量、表面张力以及机械和化学损伤的细微差异可能造成 $\varphi_{膜} \neq 0$。而每一支玻璃电极的不对称电位也不完全相同,但同一支玻璃电极,在一定条件下的不对称电位却是一个常数。因此,在使用前将玻璃电极放入水中充分浸泡(一般浸泡 24h 左右),可以使不对称电位值降至最低,并趋于恒定,同时也使玻璃膜表面充分活化,有利于对 H^+ 产生响应。

③ **酸差和碱差** 玻璃电极适用于 pH 1~10 的溶液的测定。当测定溶液的酸性太强(pH<1)时,电位值偏离线性关系,pH 值偏高,是由于强酸溶液使水化层中 H^+ 不完全游离的缘故,由此产生的测量误差称为酸差。在 pH 大于 12 的溶液中

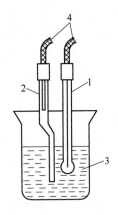

图 2-7 溶液 pH 的
测定装置
1—玻璃电极；2—饱和
甘汞电极；3—试液；
4—接 pH 计

测定时，对 Na^+ 也有响应，pH 读数低于真实值，这种误差称为碱差或钠差。

④ 电极内阻　玻璃电极内阻很高，一般在数十到数百兆欧。内阻的大小与玻璃膜成分、膜厚度及温度有关。所以要注意使用的温度范围（一般在 0～50℃ 内），如果温度过低，玻璃电极的内阻增大；温度过高，电极的寿命下降。并且在测定标准溶液和待测溶液的 pH 时，温度必须相同，因为温度会影响直线的斜率和截距，从而影响测定的准确度。

2. 溶液 pH 的测定

图 2-7 是电位法测定溶液 pH 的电极体系。图中的玻璃电极是溶液中 H^+ 浓度的指示电极，饱和甘汞电极为参比电极，这两个电极与待测溶液组成原电池。其原电池符号表示为：

Ag,AgCl|HCl|玻璃膜|样品溶液‖KCl(饱和)|Hg_2Cl_2(s)，Hg

25℃ 时，该电池的电动势 E 为：

$$\begin{aligned} E &= \varphi_{甘汞} - \varphi_{玻璃} \\ &= \varphi_{Hg_2Cl_2/Hg} - (K' - 0.05916pH) \\ &= K'' + 0.05916pH \end{aligned} \quad (2\text{-}10)$$

式中，K'' 为常数。该式表明，电池的电动势与溶液 pH 呈线性关系。由于每支玻璃电极的 K'' 均不同，并且每一支玻璃电极的不对称电位也不同，因此导致公式中常数 K'' 值很难确定。在具体测定时常采用两次测量法消除其影响，其方法为：先测量已知 pH(pH_s) 的标准溶液的电池电动势为 E_s，然后再测量未知 pH(pH_x) 的待测溶液的电池电动势为 E_x。在 25℃ 时，电池电动势与 pH 之间的关系满足下式：

$$E_x = K'' + 0.05916 pH_x \quad (2\text{-}11)$$

$$E_s = K'' + 0.05916 pH_s \quad (2\text{-}12)$$

将式(2-12)-式(2-11) 得：

$$pH_x = pH_s - \frac{E_s - E_x}{0.05916} \quad (2\text{-}13)$$

两次测量法可以消除玻璃电极的不对称电位和公式中"常数"的不确定因素所带来的误差。

在两次测量法中，由于饱和甘汞电极在标准缓冲溶液和待测溶液中产生的液接电位不相同，由此会引起测定误差。若两者的 pH 极为接近（$\Delta pH < 3$），则液接电位不同而引起的测定误差可忽略。因此，测量时选用的标准缓冲溶液与样品的 pH 应尽量接近。

【例 2-1】 在"玻璃电极‖$H^+ a_s$ 或 a_x‖SCE"电池中，当溶液 pH=9.18 时，

测得电池电动势为 0.418V，若换一未知试液，测得电池电动势为 0.312V。该未知试液的 pH 为多少？

解 根据题意得
$$pH_x = pH_s - \frac{E_s - E_x}{0.05916}$$

解得：
$$pH_x = 9.18 - \frac{0.418 - 0.312}{0.05916} = 7.39$$

在实际工作中，pH 计可直接显示出溶液的 pH。

用直接电位法测定溶液的 pH 不受氧化剂、还原剂或其他活性物质存在的影响，可用于有色物质、胶体溶液或浑浊溶液的 pH 测定，并且测定前无须对待测液作预处理，测定后不破坏、沾污溶液，因此应用极为广泛。在药物分析中常应用于注射剂、大输液、滴眼液等制剂及原料的酸碱度的检查。

三、离子选择性电极的定量方法

1. 定量条件

测定溶液中其他阴、阳离子与测定溶液 pH 值的原理和方法相似，选择一支对待测离子有 Nernst 响应的指示电极，与合适的参比电极构成电池，通过对电池电动势的测定，即可求得待测物质的含量。

（1）离子强度　Nernst 方程式表示的是电极电位与待测离子活度之间的关系，所以测得的是离子的活度。又因为 $a = \gamma c$，而活度系数 γ 与离子强度有关，因此在实际测量中常用"总离子强度缓冲剂（TISAB）"来保证活度系数不变。

（2）溶液酸度　溶液的 pH 值可能影响被测离子的存在形式，并且 ISE 的使用存在有效 pH 范围，因此定量分析中常要控制溶液的 pH。根据：

$$\varphi_{ISE} = K + \frac{2.303RT}{nF}\lg a \tag{2-14}$$

得：
$$\varphi_{ISE} = K' + S\lg c \tag{2-15}$$

设 SCE 为正极，测定阳离子时，电池电动势为：

$$E = \varphi_{SCE} - \varphi_{ISE} = \varphi_{SCE} - (K' + S\lg c) = K'' - S\lg c \tag{2-16}$$

式中，K'' 是常数，具有不确定性。在直接电位法测定中必须通过一定的办法使试液和标准溶液的 K'' 相等。例如用氟电极测定天然水中 F^- 浓度时，可用氯化钠-柠檬酸钠-醋酸-醋酸钠作为 TISAB：其中氯化钠用以保持溶液的离子强度恒定；柠檬酸钠掩蔽 Fe^{3+}、Al^{3+} 等干扰离子；HAc-NaAc 缓冲溶液使试液 pH 控制在 5.5～6.5。

2. 离子选择性电极的性能

（1）选择性系数 K_{ij}　理想的离子选择性电极只对一种特定的离子产生响应。事实上，与被测离子共存的某些离子也能影响膜电位。若测定离子为 i，核电荷数为 z_i，干扰离子为 j，核电荷数为 z_j，考虑到共存离子的影响，则膜电位的通式可写为：

$$\varphi_{膜} = K \pm \frac{2.303RT}{nF} \lg[a_i + K_{ij}(a_j)^{z_i/z_j}] \tag{2-17}$$

式中，K_{ij} 称为电极的选择性系数，该值越小，电极对被测离子响应的选择性越高，而干扰离子的影响越小。

（2）Nernst 响应范围、电极斜率及检测下限　Nernst 响应范围是指电极对待测离子的响应符合 Nernst 方程的线性区域，此范围越宽越好，一般在 4～7 个数量级之间。Nernst 响应范围线性区域的斜率，称为电极斜率，其理论值为 $2.303RT/(nF)$，在一定温度下为常数。在实际测量中，电极斜率与理论值有一定的偏差，只有实际值达到理论值的 95% 以上的电极才可以进行准确的测定。检测下限是指能够检测被检离子的最低浓度，一般在 10^{-7}～10^{-5} mol/L。

（3）响应时间　是指离子选择性电极和参比电极一起接触试液开始，到电池电动势达到稳定值（波动在 1mV 以内）所需的时间，离子选择性电极的响应时间愈短愈好。影响电极响应时间长短的因素有很多，一般可以通过搅拌溶液来缩短响应时间。

3. 测定方法

与玻璃电极类似，各种离子选择性电极的膜电位在一定条件下遵守能斯特方程：

$$\varphi_{膜} = K \pm \frac{0.05916}{n} \lg a \tag{2-18}$$

式中，K 为电极常数，阳离子取"＋"，阴离子取"－"；n 为待测离子电荷数；a 为待测离子的活度。在一定条件下膜电位与溶液中欲测离子的活度的对数呈直线关系，这是离子选择性电极法测定离子活度的基础。由于液接电位、不对称电位的存在，以及活度因子难于计算，故在直接电位法中一般不采用能斯特方程式直接计算待测离子浓度，而采用以下几种方法。

（1）标准曲线法　将离子选择性电极与参比电极插入一系列活（浓）度已知的标准溶液（5～7 个不同浓度），在相同条件下测出相应的电动势。然后以测得的电位 E（纵坐标）对浓度 c（横坐标）作图，得图 2-8 所示标准（工作）曲线。然后在相同条件下测量待测样品溶液的 E_x 值，即可从标准曲线上查出对应待测样品溶液的离子活（浓）度。这种方法称为标准曲线法。

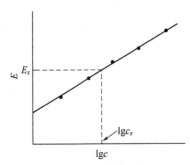

图 2-8　标准（工作）曲线

标准曲线法适用于大批量试样的分析。测量时需要在标准系列溶液和试液中加入总离子强度调节缓冲液（TISAB）或离子强度调节液（ISA）。它们有三个方面的作用：首先，保持试液与标准溶液有相同的总离子强度及活度系数；其次，缓冲剂可以控制溶液的 pH；第三，含有配位剂，可以掩蔽干扰离子。

(2) 两次测定法　此法与用玻璃电极测量溶液的 pH 相似。在测量离子的活度时，通常用 SCE 与离子选择性电极组成原电池，测定标准溶液（s）和试液（x）的电池电动势。测定阳离子时，以 SCE 作正极；测定阴离子时，以 SCE 作负极。

$$E_s = K + \frac{0.05916}{n}\lg c_s$$

$$E_x = K + \frac{0.05916}{n}\lg c_x$$

两式相减得：
$$\lg c_x = \lg c_s \pm \frac{n(E_s - E_x)}{0.05916} \tag{2-19}$$

把 c_s 数值代入上式（阴离子取 −，阳离子取 +），便可求出 c_x 值。

(3) 标准加入法　标准加入法又称为添加法或增量法。将小体积的标准溶液（一般为试液的 1/50～1/100）加入到试样溶液中，通过测量加入前后的电池电动势，得到待测离子浓度，该法称为标准加入法。由于加入前后试液的性质（组成、活度系数、pH、干扰离子、温度等）基本不变，所以准确度较高，适于组成较复杂试样的个别成分的测定。标准加入法可分为一次标准加入法和连续标准加入法。

① 一次标准加入法　设某试液体积为 V_0，其待测离子的浓度为 c_x，测定电池电动势为 E_1，则：

$$E_1 = K + \frac{0.05916}{n}\lg c_x \tag{2-20}$$

式中，K 为常数；c_x 是待测离子的总浓度。

然后向体积为 V_0 的试液中准确加入一小体积 V_s（约为 V_0 的 1/100）的用待测离子的纯物质配成的标准溶液，浓度为 c_s，则加入标准溶液后溶液浓度增量为：

$$\Delta c = \frac{c_s V_s}{V_0 + V_s}$$

因为 $V_0 \gg V_s$，可将上式简化为 $\Delta c \approx \frac{c_s V_s}{V_0}$。测定加入标准溶液后电池电动势 E_2 为：

$$E_2 = K + \frac{0.05916}{n}\lg(c_x + \Delta c) \tag{2-21}$$

$$\Delta E = |E_2 - E_1| = \frac{0.05916}{n}\lg\left(1 + \frac{\Delta c}{c_x}\right) \tag{2-22}$$

令 $S = \frac{0.05916}{n}$，则 $\Delta E = S\lg\left(1 + \frac{\Delta c}{c_x}\right)$ 　(2-23)

此公式对阴阳离子都适用。只要测出 ΔE、S，就可计算出 c_x：

$$c_x = \frac{c_s V_s}{V_0}(10^{\Delta E/S} - 1)^{-1} \tag{2-24}$$

② 连续标准加入法　在测量过程中连续多次加入标准溶液，多次测定 E 值，

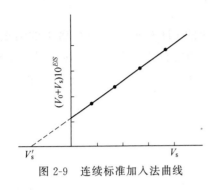

图 2-9 连续标准加入法曲线

如果测量阴离子，每次 E 值为：

$$E = K + S\lg\frac{c_xV_0 + c_sV_s}{V_0 + V_s} \quad (2\text{-}25)$$

变换后得：

$$(V_0+V_s)10^{E/S} = (c_sV_s + c_xV_0)10^{K/S} \quad (2\text{-}26)$$

从式中可以看出，$(V_0+V_s)10^{E/S}$ 与 V_s 呈线性关系。

每加一次待测离子标准溶液 V_s 就测量一次电池电动势 E，并计算出相应的 $(V_0+V_s)10^{E/S}$，然后以此值为纵坐标，以加入的标准溶液体积 V_s 为横坐标作图，得到一标准曲线（如图 2-9 所示）。将直线外推，在横轴相交于 V'_s。此时：

$$(V_0+V_s)10^{E/S} = 0$$
$$(c_xV_0 + c_sV'_s) = 0$$
$$c_x = -\frac{c_sV'_s}{V_0} \quad (2\text{-}27)$$

对于阳离子，式中指数为负值，其余不变。

第三节 电位滴定法

电位滴定法（potentiometric titration）是根据滴定过程中电位的变化来确定滴定终点的滴定分析法。

一、电位滴定法的基本原理

进行电位滴定时，在待测溶液中插入一支指示电极和一支参比电极组成原电池。随着滴定液的加入，滴定液与待测溶液发生化学反应，使待测离子的浓度不断地降低，因而指示电极的电位也相应发生变化，如图 2-10。在化学计量点附近，溶液中待测离子浓度发生急剧变化，而指示电极的电位发生就会有突跃变化，并以电位突跃。这是电位法确定滴定终点的基本原理。

电位滴定法与指示剂滴定法相比较具有客观可靠，准确度高，易于自动化，不受溶液有色、浑浊的限制等优点。尤其对于没有合适指示剂确定滴定终点的滴定反应，电位滴定法就更为有利，只要能为待测物找到合适的指示电极，就可用于相应类型的滴定。

二、确定终点的方法

进行电位滴定时，在滴定过程中，每加一次滴定剂，测量一次电动势，直到超过化学计

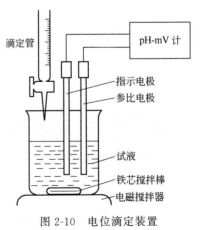

图 2-10 电位滴定装置

量点为止。这样就得到一系列的滴定剂用量 V 和相应的电动势 E 数据。一般滴定中只需准确测量和记录化学计量点前后 1～2mL 的电动势变化即可。应该注意，在化学计量点附近，减少滴定剂的加入量，每加入 0.05～0.1mL，记录一次数据，并保持每次加入滴定剂的数量相等，以使数据处理方便、准确。现利用表 2-2 的数据具体讨论三种常用的确定终点的方法。

表 2-2　以 0.1mol/L $AgNO_3$ 滴定 NaCl 溶液

滴定液 V /mL	电位计读数 E /mV	ΔE	V	$(\Delta E/\Delta V)$ /(mV/mL)	平均体积 $\overline{V}$ /mL	$\Delta(\Delta E/\Delta V)$	$\Delta^2 E/\Delta V^2$
23.80	161	13	0.20	65	23.90		
24.00	174	9	0.10	90	24.05		
24.10	183	11	0.10	110	24.15	280	2800
24.20	194	39	0.10	390	24.25	440	4400
24.30	233	83	0.10	830	24.35	−590	−5900
24.40	316	24	0.10	240	24.45	−130	−1300
24.50	340	11	0.10	110	24.55		
24.60	351	7	0.10	70	24.65		
24.70	358	15	0.30	50	24.85		
25.00	373						

1. 绘 E-V 曲线法

以表 2-2 中滴定剂体积 V 为横坐标，电位计读数值（电池电动势）为纵坐标作图，得到一条 E-V 曲线，如图 2-11(a) 所示。此曲线的转折点（拐点）所对应的体积即为化学计量点的体积。此法应用方便，适用于滴定突跃内电动势变化明显的滴定曲线。

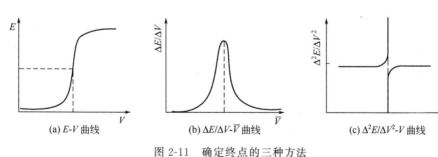

图 2-11　确定终点的三种方法

2. 绘 $\Delta E/\Delta V$-$\overline{V}$ 曲线法

又称一次微商曲线。$\Delta E/\Delta V$ 为 E 的变化值与相对应的加入滴定剂体积的增量的比，用表 2-2 中 $\Delta E/\Delta V$ 值对 $\overline{V}$（计算 ΔE 值时前后两体积的平均值）作图可得到一条峰状曲线，如图 2-11(b) 尖峰所对应的 V 值即为滴定终点。

3. $\Delta^2 E/\Delta V^2$-V 曲线法

又称二次微商曲线或二阶导数曲线，用表 2-2 中的 $\Delta^2 E/\Delta V^2$ 对滴定剂体积 V 作图，得到一条具有两个极值的曲线，如图 2-11(c) 所示。曲线上 $\Delta^2 E/\Delta V^2$ 为零时所对应的体积，即为化学计量点的体积。

在实际的电位滴定中传统的操作方法正逐渐被自动电位滴定所取代，自动电位滴定能判断滴定终点，并自动绘制出 $E\text{-}V$ 曲线或 $\Delta E/\Delta V\text{-}\overline{V}$ 曲线，在很大程度上提高了测定的灵敏度和准确度。

三、自动电位滴定仪

自动电位滴定仪（automatic potentiometric titrator）是以测量电极电位的变化确定滴定终点，从而求出被测溶液中离子浓度的仪器。一般的自动电位滴定仪都是在酸度计的基础上增加一些装置而构成的。

进行电位滴定的装置如图 2-10 所示，主要由滴定装置、电极、电计几部分组成。滴定管末端连接可通过电磁阀的细乳胶管，此管下端接上毛细管。自动控制终点型仪器需事先将终点信号值（如 pH 或 mV）输入，当滴定到达终点后 10s 时间内电位不发生变化，则延迟电路就自动关闭电磁阀电源，不再有滴定剂滴入。使用这些仪器实现了滴定操作连续自动化，而且提高了分析的准确度。

图 2-12 是 ZD-2 型自动电位滴定计原理方框图。滴定前，根据具体的滴定对象为仪器设置电位（或 pH）的终点控制值，终点控制值为理论计算值或滴定实验值。当滴定剂滴入烧杯中时，被测溶液中离子浓度发生变化，浸在溶液中的一对电极两端的电位差 E 即发生变化。这个渐变的电位经调制放大器放大后送入取样回路，在其中电极系统所测得的直流信号 e 与按照滴定终点电位预先设定的电位相比较，其差值进入 $e\text{-}t$ 转换器。$e\text{-}t$ 转换器将该差值成比例地转换成短路脉冲，使电磁阀吸通。距终点较远时电磁阀吸通时间长，滴液流速快；近终点时电磁阀吸通时间短，滴液流速慢。仪器内的电子延迟电路是防止到达滴定终点时出现过漏现象的。

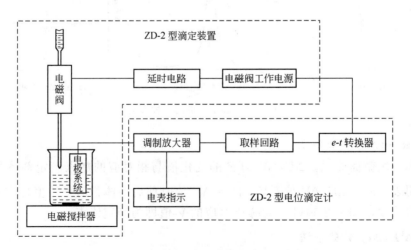

图 2-12　ZD-2 型自动电位滴定计原理方框图

> ### 案例
>
> **电位滴定法测定甲苯咪唑片的含量**
>
> 取甲苯咪唑片 10 片,称量求平均片重（$\overline{m}_{片}$）,再研磨成粉末状,精密称定药粉约 0.25g（$m_{试样}$）,加甲酸 8mL 溶解后,加冰醋酸 40mL 与醋酐 5mL,用高氯酸滴定液（0.1mol·L^{-1}）滴定,并将滴定的结果用空白试验校正。每 1mL 高氯酸滴定液（0.1mol·L^{-1}）相当于 29.58mg 的 $C_{16}H_{13}N_3O_3$（即 $T_{C_{16}H_{13}N_3O_3/高氯酸}$ = 29.58mg·mL^{-1}）。
>
> 根据滴定结果,按照下式计算标示量：
>
> $$标示量 = \frac{VTF\overline{m}_{片}}{m_{试样} \times 标示量} \times 100\% \quad (2-28)$$
>
> 式中,V 为消耗滴定液的体积；T 为滴定度；F 为校正因子。
>
> 参见《中国药典》

第四节　永停滴定法简介

一、永停滴定法基本原理

永停滴定法（dead-stop titration）是根据电池中双铂电极的电流,随滴定液的加入而发生的变化来确定滴定终点的电流滴定法,又称双电流滴定法。永停滴定法的仪器装置如图 2-13 所示。测量时,把两个相同的铂电极插入待滴定的溶液中,在两个铂电极间外加一微小电压（10~100mV）,然后进行滴定,通过观察滴定过程中电流指针的变化与电流变化的特性,确定滴定终点。

二、永停滴定仪

将两支铂电极插入被滴定的 I_2 溶液中,因两个电极的电位相等,电极间不发生反应,则没有电流通过。调节可调电阻器以控制加在两

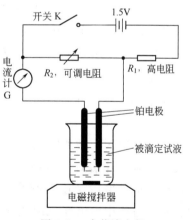

图 2-13　永停滴定仪

电极之间的电压为 10~15mV,由于外加一个很小的电压时,一支电极发生氧化反应,另一支电极则发生还原反应,同时产生电解,而使电路有电流通过,使检流计有一定的偏转。用硫代硫酸钠标准溶液进行滴定时,在到达计量点之前,溶液中始终存在着 I^- 和 I_2,维持电极反应。当滴定到达计量点时 I_2 浓度突然减小,以至于没有电流再通过检流计,检流计的指针回到零。像 I_2/I^- 这样的电对,可在两个铂电极上分别进行氧化和还原反应,称为可逆电对。如果溶液中的电对是 $S_4O_6^{2-}/S_2O_3^{2-}$,

则在阳极上 $S_2O_3^{2-}$ 能发生氧化反应，而在阴极上 $S_4O_6^{2-}$ 不能发生还原反应，这样的电对称为不可逆电对。

三、判断终点的方法

永停滴定法中电流的变化分为以下三种情况。

（1）滴定剂为可逆电对，待测物为不可逆电对　如果用 I_2 滴定液滴定 $Na_2S_2O_3$ 溶液，在 $Na_2S_2O_3$ 溶液中插入两支铂电极，滴定开始时没有或只有极小的电流通过，所以，终点前电流计的指针停在零点。终点后 I_2 稍过量，产生可逆电对 I_2/I^-，使电流计指针突然偏转，从而指示终点的到达。滴定过程中电流变化曲线如图 2-14(a) 所示。

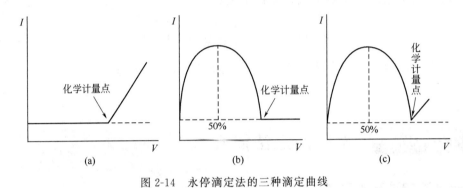

图 2-14　永停滴定法的三种滴定曲线

（2）滴定剂为不可逆电对，待测物为可逆电对　硫代硫酸钠滴定含有 KI 的 I_2 溶液即属于这种类型。滴定刚开始时，溶液中存在 I_2/I^- 可逆电对，有电流通过。随着滴定的进行，电解电流随 $[I^-]$ 的增大而增大。当反应进行到一半时，$[I^-]=[I_2]$，电解电流达到最大。反应进行到一半后，溶液中 $[I^-]>[I_2]$，电解电流由 $[I_2]$ 决定，滴定至终点时降至最低。终点后溶液中只有 $S_4O_6^{2-}/S_2O_3^{2-}$ 及 I^-，故电解反应基本停止，电流计指针保持不动。滴定过程中电流变化曲线如图 2-14(b) 所示。

（3）滴定剂、被测物均为可逆电对　用硫酸铈溶液滴定硫酸亚铁溶液即属于这种类型。滴定开始时没有或只有极小的电流通过，随着滴定的进行，电流逐渐增大，达到最大值后又逐渐减小，终点时电流降到最低点，继续滴定电流又逐渐增大。滴定过程中电流变化曲线如图 2-14(c) 所示。

> **案例**
>
> **永停滴定法测定盐酸普鲁卡因注射液的含量**
>
> 精密量取盐酸普鲁卡因注射液适量（约相当于盐酸普鲁卡因 0.1g），加水 40mL，用稀盐酸调节 pH 4.2～4.5，然后置电磁搅拌器上，搅拌，再加溴化钾 2g，插入铂-铂电极后，在 15～20℃用亚硝酸钠滴定液（0.05mol·L^{-1}）迅速滴定。

滴定时将滴定管尖端插入液面下约 2/3 处，随滴随搅拌；至近终点时，将滴定管尖端提出液面，用少量水冲洗滴定管尖端，洗液并入溶液中，继续缓缓滴定，至电流计指针突然偏转，并不再回复，即为滴定终点。每 1mL 亚硝酸钠滴定液（0.05mol·L^{-1}）相当于 13.64mg 的 $C_{13}H_2N_2O_2$·HCl。

根据滴定结果，按照下式计算标示量：

$$标示量 = \frac{VTF \times 每支容量}{m \times 标示量} \times 100\% \tag{2-29}$$

式中，V 为消耗滴定液的体积；T 为滴定度；F 为校正因子；m 为取样量。

参见《中国药典》

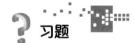

习题

一、填空题

1. 电位分析法中，基于电子交换反应的电极一般分为四类电极，Ag/Ag^+ 属于第_____类电极，$Ag/AgCl$ 属于第_____类电极，Pt/Fe^{2+}，Fe^{3+} 属于第_____类电极。

2. 常见的参比电极有_____和_____。

3. 电位法测定溶液 pH 值选用的指示电极是_____。

二、选择题

1. 电位法属于（　　）。
   A. 酸碱滴定法　　　　　　　B. 重量分析法
   C. 电化学分析法　　　　　　D. 光化学分析法

2. 电位滴定法指示终点的方法是（　　）。
   A. 内指示剂　　　　　　　　B. 外指示剂
   C. 内-外指示剂　　　　　　D. 电位的变化

3. 电位法测定溶液的 pH 值属于（　　）。
   A. 直接电位法　　　　　　　B. 电位滴定法
   C. 比色法　　　　　　　　　D. 永停滴定法

4. 电位分析法中常用的参比电极是（　　）。
   A. 0.1mol/L KCl 甘汞电极　　B. 1mol/L KCl 甘汞电极
   C. 饱和甘汞电极　　　　　　D. 饱和银-氯化银电极

5. 玻璃电极需要预先在蒸馏水中浸泡（　　）。
   A. 1h　　　　　　　　　　　B. 6h
   C. 12h　　　　　　　　　　 D. 24h

6. 甘汞电极的电极电位与下列哪种因素无关？（　　）
   A. 溶液温度　　　　　　　　　B. [H^+]
   C. [Cl^-]　　　　　　　　　D. [KCl]

7. 永停滴定法所需的电极是（　　）。
   A. 一支参比电极，一支指示电极　　B. 两支相同的指示电极
   C. 两支不同的指示电极　　　　　　D. 两支相同的参比电极

8. 永停滴定法是根据（　　）确定滴定终点的。
   A. 电压变化　　　　　　　　　B. 电流变化
   C. 电阻变化　　　　　　　　　D. 颜色变化

9. 用碘滴定硫代硫酸钠属于永停滴定法中的（　　）。
   A. 滴定剂为可逆电对，被测物为不可逆电对
   B. 滴定剂为不可逆电对，被测物为可逆电对
   C. 滴定剂与被测物均为可逆电对
   D. 滴定剂与被测物均为可逆电对

10. 下列可作为基准参比电极的是（　　）。
    A. SHE　　　　　　　　　　　B. SCE
    C. 玻璃电极　　　　　　　　　D. 惰性电极

11. 玻璃电极的内参比电极是（　　）。
    A. 银电极　　　　　　　　　　B. 银-氯化银电极
    C. 甘汞电极　　　　　　　　　D. 标准氢电极

12. 滴定分析与电位滴定法的主要区别是（　　）。
    A. 滴定的对象不同　　　　　　B. 滴定液不同
    C. 指示剂不同　　　　　　　　D. 指示终点的方法不同

13. 离子选择性电极电位产生的机制为（　　）。
    A. 离子之间的交换　　　　　　B. 离子的扩散
    C. A、B 均是　　　　　　　　　D. A、B 均不是

14. 进行酸碱电位滴定时应选择的指示电极是（　　）。
    A. 玻璃电极　　　　　　　　　B. 铅电极
    C. 铂电极　　　　　　　　　　D. 银电极

15. 以下电极属于膜电极的是（　　）。
    A. 银-氯化银电极　　　　　　　B. 铂电极
    C. 玻璃电极　　　　　　　　　D. 氢电极

16. 用直接电位法测定溶液的 pH，为了消除液接电位对测定的影响，要求标准溶液的 pH 与待测溶液的 pH 之差为（　　）。
    A. 3　　　　　　　　　　　　B. <3
    C. >3　　　　　　　　　　　D. 4

17. 玻璃电极在使用前应在纯化水中充分浸泡，其目的是（　　）。

A. 除去杂质 B. 减小稳定不对称电位
C. 在膜表面形成水化凝胶层 D. 使不对称电位处于稳定

18. 用离子选择电极标准加入法进行定量分析时，对加入标准溶液的要求为（　　）。

A. 体积要大，其浓度要高 B. 体积要小，其浓度要低
C. 体积要大，其浓度要低 D. 体积要小，其浓度要高

19. 在电位滴定中，以 $\Delta E/\Delta V\text{-}V$（$E$ 为电位，V 为滴定剂体积）作图绘制滴定曲线，滴定终点为（　　）。

A. 曲线的最大斜率（最正值）点 B. 曲线的最小斜率（最负值）点
C. 曲线的斜率为零时的点 D. $\Delta E/\Delta V$ 为零时的点

20. 下列（　　）对永停滴定法的叙述是错误的。

A. 滴定曲线是"电流-滴定剂体积"的关系图
B. 滴定装置使用双铂电极系统
C. 滴定过程存在可逆电对产生的电解电流的变化
D. 要求滴定剂和待测物至少有一个为氧化还原电对

三、计算题

1. 用下面的电池测量溶液 pH

（－）玻璃电极｜H^+（x mol·L^{-1}）‖SCE（＋）

用 pH＝4.00 缓冲溶液，25℃时测得电动势为 0.218V。改用未知溶液代替缓冲溶液，测得电动势分别为 0.206V。计算未知溶液 pH。（3.78）

2. 将一支 ClO_4^- 选择电极插入 50.00mL 某高氯酸盐待测溶液，与饱和甘汞电极（为负极）组成电池。25℃时测得电动势为 358.7mV，加入 1.00mL $NaClO_4$ 标准溶液（0.0500mol·L^{-1}）后，电动势变成 346.1mV。求待测溶液中 ClO_4^- 浓度。（1.580×10^{-3} mol·L^{-1}）

四、简答题

1. 单独一个电极的电位能否直接测定？怎样才能测定？
2. 何谓指示电极和参比电极？它们在电位法中的作用是什么？
3. 测量溶液 pH 的离子选择性电极是哪种类型？简述它的作用原理及应用情况。
4. 图示并说明电位滴定法及各类永停滴定法如何确定滴定终点。

第三章
紫外-可见分光光度法

> **学习目标**
>
> 1. 掌握紫外-可见分光光度法的原理,掌握紫外-可见分光光度计的定性定量方法;
> 2. 熟悉物质对光的吸收与发射,熟悉紫外-可见分光光度计的结构及主要部件的作用;
> 3. 了解光学分析法的定义、光波参数的含义及能量与波长的关系,了解紫外-可见分光光度法实验条件的选择,了解不同类型分光光度计的结构。

利用待测物质受到光的作用后,产生光信号或光信号的变化,通过各种光学分析仪器来检测和处理这些信号,从而获得待测物质定性和定量信息的分析方法,统称为光学分析法(spectral analysis)。光学分析法是现代仪器分析中应用最广泛的一类分析方法,在组分的定量或定性分析中,有的已成为常规的分析方法,在结构分析的四谱(红外光谱、核磁共振的 ^1H 谱和 ^{13}C 谱及质谱)中光学分析法占了三谱,是结构分析中不可缺少的分析工具。

为了更好地学习紫外-可见分光光度法,首先必须了解光的基本性质、光与物质间的相互作用及光学分析法的分类等基础知识。

链接

为科学家擦亮双眼的光谱仪发明者
——本生和基尔霍夫

本生(Robert Wilhelm Bunsen,1811—1899)和基尔霍夫(Gustav Rober Kirehhoff,1824—1887)均为德国著名物理学家,他们在科学上的杰出贡献是共同开辟出光谱分析领域。1859年,本生和基尔霍夫合作设计了世界上第一台光谱仪,并利用这台仪器系统地研究各物质产生的光谱,创建了光谱分析法。1860年他们用这种方法在狄克海姆矿泉水中发现了新元素铯,1861年又用此仪器分析萨克森地方的一种鳞状云彩母矿,发现了新元素铷。从此光谱分析不仅成为化学家手中重要的检测手段,同时也是物理学家、天文学家开展科学研究的重要武器。

第一节 概述

一、光的性质

电磁辐射又称为电磁波，是一种以巨大速度通过空间，不需要任何物质作传播媒介的能量。它有各种类型，从γ射线直至无线电波都是电磁辐射，光就是人们最熟悉的一种。电磁辐射具有波动性和粒子性。

（一）光的波动性

电磁辐射的传播以及反射、折射、散射、衍射及干涉等现象表现出电磁辐射具有波的性质。根据麦克斯韦的观点，电磁波可以用电场和磁场两个矢量来描述。如图 3-1 所示，当一束电磁波沿 x 轴方向传播，其电场矢量（E）和磁场矢量（H）相应地在 y 轴方向和 z 轴方向发生周期性变化，且两种矢量均为正弦波。由于电磁辐射的电

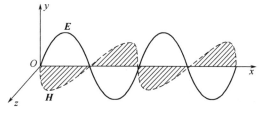

图 3-1 电磁波的传播

矢量与辐射所通过物质间的电子相互作用，故一般情况下仅用电场矢量来描述电磁辐射。

不同类型的电磁波可用以下的波参数来描述。

周期（T）：电磁波相邻两个波峰或波谷通过空间某一固定点所需的时间间隔，单位为秒（s）。

频率（ν）：单位时间内电磁振动的次数，为周期（T）的倒数，单位为赫兹（Hz）或 s^{-1}。辐射频率取决于波源，与通过的介质无关。

波长（λ）：是指相邻两个波峰或波谷间的距离。不同的电磁波谱区可采用不同的波长单位，常用的单位有 nm、μm、cm、m。

波数（σ）：每厘米内波的振动次数，单位为 cm^{-1}。

波速（v）：是指电磁辐射传播的速度。$v=\lambda\nu$。介质不同，电磁辐射传播的速度也不同。在真空中，所有电磁辐射的传播速度均等于光速 $3\times10^{10}\,cm\cdot s^{-1}$。

（二）光的粒子性

光具有粒子性，表现在电磁辐射与物质相互作用所产生的吸收和发射现象时，物质吸收或发射的辐射能量是不连续的能量微粒，它是由光子或光量子所组成的。光子所具有的能量取决于其电磁辐射的频率，可以用普朗克关系式表示为：

$$E=h\nu=h\frac{c}{\lambda}=hc\sigma \tag{3-1}$$

式中，E 为能量，eV（电子伏特）；h 为普朗克常数（6.626×10^{-34} J·s）；ν 为频率，Hz（赫兹）；c 为光速，真空中约为 $3\times10^{10}\,cm\cdot s^{-1}$；$\lambda$ 为波长，nm（纳

米）；σ 为 $1/\lambda$，nm^{-1}。

普朗克关系式成功地将属于粒子概念的光量子能量与属于波动概念的频率或波长联系起来。从式(3-1)可知，不同波长的光能量不同，波长愈长，能量愈小；波长愈短，能量愈大。

二、光与物质的相互作用

光与物质相互接触时，就会与物质相互作用，作用的性质随光的波长（能量）及物质的性质而异。相互作用有吸收、发射、散射、折射、反射、衍射、干涉、偏振等方式，其中，在光学分析法中应用最广泛的是物质对光的吸收与发射。

（一）光的吸收

当光与物质接触时，某些频率的光被选择性吸收并使其强度减弱，这种现象称为物质对光的吸收。光被物质吸收的实质就是光的能量已转移到物质的分子或原子中去了。这样，某些频率的光减少或者消失，而物质内部的能量增加了，即物质中的分子或原子由能量较低的状态（基态）上升为能量较高的状态（激发态）。被物质所吸收的光辐射能必须满足两点要求：第一，辐射的电场和物质的电荷之间必须发生相互作用；第二，引入的辐射能恰等于基元体系量子化的能量。每一个基元体系，无论是核、离子、原子或分子，都具有不连续的量子化能级，所以物质只能吸收与两个能级差相等的能量，如果引入的辐射能太少或大多，就不会被吸收。被吸收的光子的能量或频率可以通过普朗克公式求得：

$$h\nu = E_2 - E_1 \tag{3-2}$$

式中，E_2 为物质最终能量；E_1 为物质初始能量，eV（电子伏特）。

由于各种物质所具有的能级数目和能级间的能量差不同，它们对光的吸收情况就不相同，这种特征可用"吸收光谱"来表征。以波长（或频率）为横坐标，被吸收的能量（吸光度或透光率）为纵坐标绘制的谱图，称为吸收光谱图。根据吸收物质的状态、光的能量（频率或波长）以及吸收光谱的不同，可分为分子吸收和原子吸收。

（二）光的发射

粒子吸收能量后，从低能态跃迁至高能态，处于高能态的粒子是不稳定的，在短暂的时间（约 10^{-8} s）内，又从高能态跃回低能态。在此过程中，往往以光辐射的形式释放出多余的能量，这种现象称为光的发射。按其发生的本质，可分为原子发射、分子发射及X射线等。各种元素的原子、分子和离子发射的光谱各不相同，具有各自的特征光谱。利用这些特征光谱，可以进行定性分析，而发射光谱强度的大小可作为定量分析的依据。

三、原子光谱与分子光谱

原子和分子虽然均为产生光谱的基本粒子，但它们产生光谱的机理大不相同，原子光谱和分子光谱也具有明显不同的特征。

(一)原子光谱

由原子产生的光谱有三种：基于原子外层电子跃迁的原子发射、原子吸收、原子荧光；基于原子内层电子跃迁的 X 射线荧光；基于原子核与 γ 射线相互作用的穆斯堡尔谱等，这里主要介绍常用的原子发射、原子吸收、原子荧光三种光谱。

1. 原子发射光谱

基态原子在外界能量（如光能、电能、热能等）的作用下，便跃迁到激发态。激发态原子寿命很短，一般大约在 10^{-8} s 内又返回到基态并发射出特征谱线。原子这种由高能态跃迁回到基态而产生的光谱称为原子发射光谱。各种原子因其结构不同，获得的发射光谱也不相同。故其发射谱线为相应元素的特征谱线，根据谱线的特征和强度可分别对不同元素进行定性和定量分析。

2. 原子吸收光谱

当光辐射通过基态原子蒸气时，基态原子吸收与其能级跃迁相等的能量，从基态跃迁到激发态。由原子这种选择性吸收而获得的特征光谱称为原子吸收光谱。

3. 原子荧光光谱

基态的气态原子在光辐射的作用下跃迁到激发态后，多数与体系中共存粒子相互碰撞，把激发能转变为热能，其他激发态原子则通过光辐射的形式释放能量而跃迁回到基态。这种光辐射叫原子荧光。原子荧光光谱实质上也是发射光谱（光致发光）。

(二)分子光谱

分子的总能量包括电子能级的能量、原子或原子团在其平衡位置做相对振动的振动能量及整个分子绕其轴转动的转动能量。对于分子，每一个电子能级一般都包含几个可能的振动能级，同样，一个振动能级又包括几个转动能级。因此，一个分子所具有的可能能级数目要比原子的能级多得多，分子光谱也比较复杂。原子光谱通常以线光谱形式出现，而分子光谱则多为带光谱。按照光谱产生的机理，可将常用的分子光谱分为分子吸收光谱和分子发射光谱。

1. 分子吸收光谱

基态分子通过对辐射能进行选择性地吸收后跃迁到较高能级所产生的光谱叫分子吸收光谱。根据跃迁类型的不同，可将分子吸收光谱分为电子光谱、振动光谱和转动光谱。其中电子能级跃迁所需要的能量较大，故光谱的波长范围位于紫外光区和可见光区，称之为紫外-可见吸收光谱；振动能级间隔约比电子能级小 10 倍，一般在 $0.05\sim1$eV，相当于红外光的能量，故振动能级的跃迁所产生的振动光谱又称为红外吸收光谱；转动能级间隔一般小于 0.05eV，相当于远红外光甚至微波的能量，因此由转动能级的跃迁而产生的转动光谱又称远红外光谱。

2. 分子发射光谱

分子由激发态回到基态或较低能态所产生的光谱称为分子发射光谱，主要包括分子荧光光谱、分子磷光光谱和化学发光光谱。荧光和磷光虽然都是光致发光，但二者的发光机理不同。在实验上可通过观察激发态分子寿命的长短来加以判断。对荧光而言，当入射光停止照射，发光现象几乎立即（约 $10^{-9} \sim 10^{-6}$ s）停止，对磷光而言，当入射光停止照射后，发光现象还可以持续一段时间（约 $10^{-3} \sim 10$ s）。化学发光是在化学反应中产生的光辐射，它由参与化学反应的反应物或产物吸收该反应释放的化学能而被激发并发射光子，或者将化学能转移至受体分子，使受体分子发射光子。

第二节 基本原理

紫外-可见分光光度法（ultraviolet-visible spectrophotometry）是根据物质分子对 200～760nm 范围电磁辐射的吸收特性建立起来的一种定性和定量方法，根据辐射本质属于分子光谱法，根据能量传递方式属于吸收光谱法。

一、透光率和吸光度

光的吸收程度与光通过物质前后的光的强度变化有关。光强度是指单位时间（1s）内照射在单位面积（1cm²）上的光的能量，用 I 表示。它与单位时间照射在单位面积上的光子的数目有关，与光的波长没有关系。

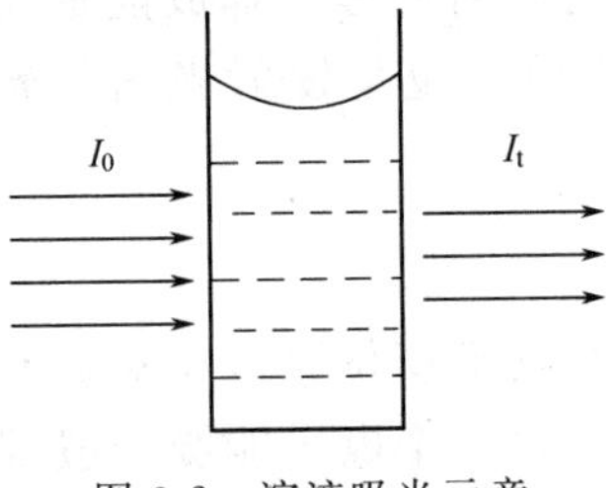

当一束强度为 I_0 的平行单色光通过一个均匀、非散射和反射的吸收介质时，由于吸光物质与光子的作用，一部分光子被吸收，一部分光子透过介质（图 3-2）。设透过的光强度为 I_t，则 I_t 与入射光强度 I_0 之比定义为透光率（transmittance）或透射比，用 T 表示，即：

图 3-2 溶液吸光示意

$$T = \frac{I_t}{I_0} \times 100\% \tag{3-3}$$

通常用吸光度 A（也称为光密度 D 或消光度 E）表示物质对光的吸收程度，吸光度的定义为：

$$A = -\lg T = \lg \frac{I_0}{I_t} \tag{3-4}$$

透光率 T 和吸光度 A 都是表示物质对光的吸收程度的一种量度。透光率 T 越大，则吸光度 A 越小；反之，透光率 T 越小，则吸光度 A 越大。

二、朗伯-比尔定律

1. 光吸收定律内容

朗伯（Lambert）和比尔（Beer）分别于 1760 年和 1852 年研究了光的吸收与溶液液层厚度及溶液浓度的关系，得出光的吸收定律为：

$$A = klc \tag{3-5}$$

式中，A 为吸光度；c 为溶液浓度；l 为液层厚度；k 为吸光系数，它与入射光的波长、溶液的性质、温度等因素有关。该式也称为朗伯-比尔定律。当一束平行的单色光通过某一均匀、无散射的含有吸光物质的溶液时，在入射光的波长、强度以及溶液的温度等因素保持不变的情况下，该溶液的吸光度 A 与溶液的浓度 c 及溶液层的厚度 l 的乘积成正比关系。

光的吸收定律不仅适用于可见光，也适用于红外光、紫外光；不仅适用于均匀、无散射的溶液，也适用于均匀、无散射的气体和固体。

吸光度具有加和性，即如果溶液中同时存在多种吸光物质，那么，测得的吸光度则是各吸光物质吸光度的总和。其表达式为：

$$A = A_1 + A_2 + \cdots + A_n = \sum_{1}^{n} A_n \tag{3-6}$$

这也是利用朗伯-比尔定律能够对多组分物质进行分光光度分析的理论基础。

2. 偏离朗伯-比尔定律的因素

根据朗伯-比尔定律，对于同一种物质，当吸收池的厚度一定，以吸光度对浓度作图时，应得到一条通过原点的直线。但在实际工作中，吸光度与浓度之间的线性关系常常发生偏离，产生正偏差或负偏差，如图 3-3 所示。偏离朗伯-比尔定律的主要原因有如下几种。

(1) 非单色光的影响　在紫外-可见分光光度计中，使用连续光源和单色器分光时，得到的不是严格的单色光。并且，在实际测定中，为了保证足够的入射光强度，分光光度计的狭缝必须保持一定的宽度。因此，由出射狭缝投射到待测样品上的光，并不是理论上要求的单色光，而是具

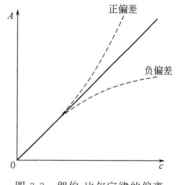

图 3-3　朗伯-比尔定律的偏离

有较窄波长范围的复合光带，复合光带会引起实际测量与理论值之间存在一定的差异，从而使实际得到的曲线偏离朗伯-比尔定律。

(2) 非均相体系的影响　当待测样品溶液含有悬浮物或胶粒等散射质点时，入射光经过不均匀的样品时，会有一部分光因发生散射而损失，从而使透光强度减小，致使偏离朗伯-比尔定律。

(3) 溶液本身发生化学变化的影响　在测定过程中，被测组分发生解离、缔合、光化等作用，从而使本身化学性质发生变化，而导致偏离朗伯-比尔定律。例如，在铬酸盐的非缓冲溶液体系中存在如下平衡：

$$Cr_2O_7^{2-} + H_2O \rightleftharpoons 2HCrO_4^- \rightleftharpoons 2CrO_4^{2-} + 2H^+$$

$Cr_2O_7^{2-}$ 呈橙色，其吸收光谱在 350nm 和 450nm 分别有最大吸收峰，而 CrO_4^{2-} 呈黄色，其在 375nm 处有最大吸收峰。当铬的总浓度一定时，溶液的吸光度取决

于 $Cr_2O_7^{2-}$ 与 CrO_4^{2-} 的浓度比。随着溶液的稀释，$Cr_2O_7^{2-}$ 与 CrO_4^{2-} 的浓度将发生显著的变化，从而使溶液的吸光度与铬的总浓度之间的线性关系发生明显的偏离。

（4）浓度的限制　朗伯-比尔定律假定吸光质点之间不发生相互作用，因此只有在稀溶液时才基本符合。当溶液浓度较高（通常认为 $c > 0.01\text{mol} \cdot \text{L}^{-1}$）时，吸光质点间可能发生缔合等相互作用，直接影响物质对光的吸收。

综上所述，利用朗伯-比尔定律进行测定时，应使用平行的单色光，对浓度较低的均匀、无散射、具有恒定化学环境的待测样品溶液进行分析。

三、吸光系数

光的吸收定律中吸光系数 k 的物理意义为：液层厚度为 1cm 的单位浓度溶液的吸光度，表示物质对特定波长光的吸收能力。k 愈大，表示该物质对光的吸收能力愈强，测定的灵敏度愈高。当溶液的浓度 c 单位不同时，吸光系数的意义和表示方法也不相同，常用摩尔吸光系数和百分吸光系数表示。

1. 摩尔吸光系数 ε

当溶液的浓度 c 以物质的量浓度表示时，k 称为摩尔吸光系数，用符号 ε 表示。它具体的物理意义是指样品浓度为 $1\text{mol} \cdot \text{L}^{-1}$ 的溶液置于 1cm 样品池中，在一定波长下测得的吸光度值。其单位为 $\text{L} \cdot \text{mol}^{-1} \cdot \text{cm}^{-1}$。通常认为 $\varepsilon \geqslant 10^4$ 时为强吸收，$\varepsilon < 10^2$ 时为弱吸收，ε 介于两者之间时为中强吸收。在显色反应中，可以利用 ε 来衡量显色反应的灵敏度，ε 越大表示该显色反应越灵敏，因此为了提高分析的灵敏度，必须选择 ε 数值较大的化合物，以及选择具有较大 ε 的波长作为入射光。

2. 百分吸光系数 $E_{1cm}^{1\%}$

百分吸光系数也称为比吸光系数，指溶液浓度在 1% $[1\text{g} \cdot (100\text{mL})^{-1}]$，液层厚度为 1cm 时，在一定波长下的吸光度值，用符号 $E_{1cm}^{1\%}$ 表示，其单位为 $\text{mL} \cdot \text{g}^{-1} \cdot \text{cm}^{-1}$。百分吸光系数和摩尔吸光系数有如下关系：

$$\varepsilon = E_{1cm}^{1\%} \times \frac{M}{10} \tag{3-7}$$

【例 3-1】 用氯霉素（分子量为 323.15）纯品配制 100mL 含 2.00mg 的溶液，使用 1.00cm 的吸收池，在波长为 278nm 处测得其透射率为 24.3%，试计算氯霉素在 278nm 波长处的摩尔吸光系数和比吸光系数。

解　已知　$\lambda = 278\text{nm}$　$M = 323.15 \text{g} \cdot \text{mol}^{-1}$　$c = 2.00 \times 10^{-3}$　$T = 24.3\%$

根据：$A = -\lg T = -\lg 0.243 = 0.614$

$$E_{1cm}^{1\%} = \frac{A}{cl} = \frac{0.614}{2.00 \times 10^{-3} \times 1} = 307$$

$$\varepsilon = E_{1cm}^{1\%} \times \frac{M}{10} = 307 \times \frac{323.15}{10} = 9920 \text{L} \cdot \text{g}^{-1} \cdot \text{cm}^{-1}$$

四、吸收光谱

在溶液浓度和液层厚度一定的条件下，测定溶液对不同波长单色光的吸光度，

以波长 λ 为横坐标，以吸光度 A 为纵坐标作图，得到光吸收程度随波长变化的关系曲线称为吸收光谱。一定浓度的溶液对不同波长光的吸收程度不同，在光谱吸收曲线中吸收最大且比左右相邻都高之处，称为吸收峰，对应的波长为最大波长，用 λ_{max} 表示，如图 3-4。其中峰与峰之间且比左右相邻都低之处，称为谷，其对应波长用 λ_{min} 表示。在吸收峰旁曲折处的峰称为肩峰，其对应波长用 λ_{sh} 表示。在吸收光谱中曲线波长最短，呈现出强吸收，吸光度大但不成峰形的部分称为末端吸收。

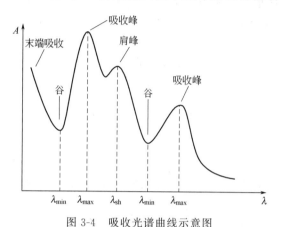

图 3-4　吸收光谱曲线示意图

光谱曲线随着浓度的增加逐渐向吸光度增加的方向移动。分析物质的吸收光谱会发现：

① 同一物质，对不同波长的吸光度不同；

② 同一物质不同浓度，光的吸收曲线形状相似，其最大吸收波长 λ_{max} 不变，但在同一波长处的吸光度随溶液浓度降低而减小，这也是吸收光谱作为定量分析的依据；

③ 不同物质的吸收峰的形状、峰数、峰位、峰强度等吸收曲线特性不同，吸收曲线特性与物质的特性有关。

第三节　紫外-可见分光光度计

紫外-可见分光光度计（UV-vis spectrophotometer）是对紫外、可见光区波长的单色光的吸收程度进行测量的仪器。

一、基本构造

目前，紫外-可见分光光度计的型号繁多，虽然各种型号的仪器操作方法略有不同，但仪器的主要组成及工作原理相似，其基本结构都是由五部分组成的（见图 3-5），即光源、单色器（分光系统）、吸收池、检测器和信号处理系统。

1. 光源

主要作用是提供仪器分析所需光谱区域内的连续光，使待测分子产生光吸收，

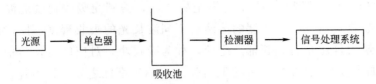

图 3-5 紫外-可见分光光度计基本结构图

要求有足够的辐射强度和良好的稳定性。分光光度计常使用的光源有热辐射光源和气体放电光源两类。热辐射光源主要有钨灯、碘钨灯，气体放电光源主要有氢灯、氘灯。热辐射光源可发出 320～2500nm 的连续可见光光谱，可用作可见分光光度计（如 721 型、722 型）的光源。气体放电光源可发出波长范围为 160～375nm 的紫外光，有效的波长范围一般为 200～375nm，是紫外光区应用最广泛的一种光源。

由于同种光源不能同时产生紫外光和可见光，因此，紫外-可见分光光度计需要同时安装两种光源。

2. 单色器

单色器又称为分光系统，是从复合光中分出波长可调的单色光的光学装置。棱镜或光栅是单色器的主要部件，通常单色器还包含狭缝和透镜系统。单色器的性能直接影响入射光的单色性，从而影响测定的灵敏度、选择性及校正曲线的线性关系。

单色器的工作原理如图 3-6 所示，由光源发出并聚焦于进入口狭缝的光，经准直镜变为平行光投射至色散元件（棱镜或光栅），由于不同波长的光的折射率不同，色散元件使不同波长的平行光有不同的偏转角度，形成按波长顺序排列的光谱，再经准直镜将色散后的平行光聚焦于出射狭缝，从而得到所需波长的单色光。

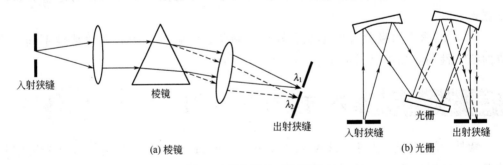

图 3-6 单色器的工作原理

3. 吸收池

吸收池也叫作比色皿，是用于盛放溶液的装置，一般为长方形，通常有玻璃比色皿和石英比色皿两种。由于玻璃能够吸收紫外光，所以在紫外光区测定时，必须使用石英比色皿；而在可见光区测定时，可以使用石英比色皿或玻璃比色皿。吸收池的大小规格从几毫米到几厘米不等，最常用的是 1cm 的吸收池。吸收池材料本身及光学面的光学特性、吸收池光程长度的精确性对吸光度的测量结果都有直接影响，所以，在精度分析测定中，同一套吸收池的性能要基本一致，同时在使用过程中，应注意保持透光面洁净。

4. 检测器

检测器是用于检测单色光通过溶液后透射光的强度，并把这种光信号转变为电信号的装置。要求在测量的光谱范围内具有高的灵敏度；对辐射能量的响应快、线性好、线性范围宽；对不同波长的辐射响应性能相同且可靠；有很好的稳定性和低水平的噪声等。常见的检测器有光电池、光电管和光电倍增管等。

5. 信号处理系统

该系统的作用是放大信号并将该信号以适当的方式显示或记录下来。常用的信号指示装置有电表指示、数字显示及自动记录装置等。近年来很多型号的分光光度计装配有微机处理，一方面对分光光度计进行操作控制，另一方面可以自动进行数据处理。

二、常见紫外-可见分光光度计类型

紫外-可见分光光度计的类型很多，根据仪器结构可分为单光束分光光度计、双光束分光光度计和双波长分光光度计三种，其中单光束分光光度计和双光束分光光度计属于单波长分光光度计。

（1）单光束分光光度计　1945年美国贝科曼公司推出了第一台较成熟的紫外-可见分光光度计商品仪器就是单光束分光光度计。由光源发出的光经单色器分光后得到一束单色光，单色光轮流通过参比溶液和样品溶液，从而完成对溶液吸光度的测定，如图3-7。该类型的分光光度计结构简单、价格便宜，但由于其杂散光、光源波动等影响很大，所以准确度较差。国产721型、722型、751型等分光光度计都属于单光束分光光度计。

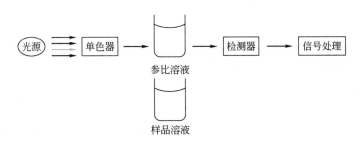

图3-7　单光束分光光度计工作流程示意图

（2）双光束分光光度计　双光束分光光度计中，同一波长的单色光分成两束进行辐射。由单色器分光后的单色光分为强度相等的两束光，分别通过参比溶液和样品溶液，如图3-8。由于两束是同时通过参比溶液和样品溶液，因此能够自动消除光源强度变化所引起的误差，其灵敏度较好，但结构较复杂、价格较贵。日本的UV-2450型及我国的UV-2100型、UV-763型等均属于此类型。

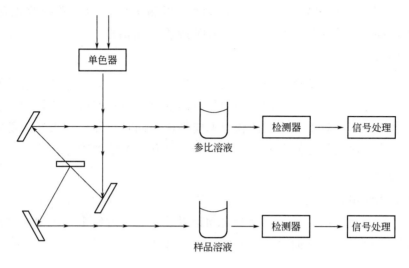

图 3-8　双光束分光光度计工作流程示意图

(3) 双波长分光光度计　由同一光源发出的光被分成两束，分别经过两个单色器，得到两束不同波长的单色光，再利用切光器使两束不同波长的单色光以一定频率交替照射同一溶液，然后再经过光电倍增管和电子控制系统，经过信息处理最后得到两波长处的吸光度的差值，如图 3-9。双波长分光光度法一定程度地消除了背景干扰及共存组分的干扰，提高了分析的灵敏度。

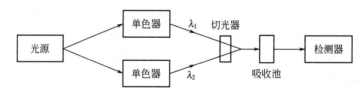

图 3-9　双波长分光光度计光路示意图

第四节　分析条件的选择

在分析工作中，为了使测量结果有较高的灵敏度和准确度，必须选择合适的实验条件，对分析条件进行优化。紫外-可见分光光度法的分析条件主要是指仪器条件、显色条件以及参比溶液的选择。

一、仪器条件的选择

1. 测量波长

根据待测组分的吸收光谱，通常选择有最大吸收强度吸收峰的最大波长 λ_{max} 为入射波长。因为在 λ_{max} 处待测组分每单位浓度所改变的吸光度最大，从而使得到的光谱具有很好的灵敏度；且在 λ_{max} 处吸光度随波长的变化最小，从而使测量具有较高的准确度。但如果 λ_{max} 处吸收峰太尖锐,则在满足分析灵敏度的前提下,选择次一级的吸收强度的吸收峰或肩峰对应波长作为测量波长。

2. 仪器狭缝宽度

狭缝的宽度直接影响测量的灵敏度和标准曲线的线性关系。狭缝宽度过宽时,通过样品溶液的光的强度增加,同时可能引入其他波长的单色光从而使测量的灵敏度降低,以致偏离朗伯-比尔定律。但如果狭缝宽度过窄,光的强度变弱,测量的灵敏度也可能降低。通常在不减少吸光度时的最大狭缝宽度为适宜的狭缝宽度。

3. 吸光度的范围

吸光度 A 在 $0.3\sim0.7$ 时,实验偶然变动因素(光源的稳定性、测量环境改变等)对测量结果的影响较小,相对误差较小,所以,在测量时,通常选择吸光度的测量范围在 $0.2\sim0.8$ 内。若超出该范围,可通过改变比色皿规格、稀释溶液浓度($A>0.8$)等方法进行调节。

二、显色条件的选择

分光光度法的许多分析都是建立在比色分析基础上的。如果待测组分本身没有颜色或本身颜色很浅,那么就无法直接进行测定,需利用显色反应将待测组分转变为有色物质,然后进行测定。这种将试样中待测组分转变成有色化合物的化学反应,叫显色反应。与待测组分形成有色化合物的试剂叫显色剂。

1. 显色反应的要求

常用的显色反应是氧化还原反应,也可以是配位反应,或是兼有上述两种反应,其中配位反应应用最普遍。同一种组分可与多种显色剂反应生成不同有色物质。在分析时,究竟选用何种显色反应较适宜,应考虑下面几个因素。

(1) 显色反应灵敏度高 比色分析中待测样品组分含量很少,因此要求显色剂与待测组分之间的显色反应具有很好的灵敏度。有机化合物的摩尔吸光系数 ε 是显色反应灵敏度的重要标志。

(2) 显色剂选择性好 显色剂只与待测组分发生显色反应,而与溶液中的共存组分不发生反应,这样仪器测量的数据才有很好的准确度。

(3) 显色剂的对照性要高 显色剂与产物的颜色差异明显,通常用被测物质(或产物)与溶剂的最大吸收波长之差来衡量,差值越大,颜色差异越明显。

(4) 显色反应产物稳定 要求待测组分与显色剂的反应产物有很好的稳定性,不易受空气、光等因素的影响。

2. 显色条件的选择

(1) 显色剂浓度及用量 显色剂的适宜浓度或用量通过实验确定。在一系列相同待测组分溶液中加入不同浓度的显色剂,测定溶液的吸光度随显色剂的浓度变化曲线,在吸光度随显色剂浓度变化不大的范围内,确定显色剂的加入量。

(2) 溶液 pH 多数显色剂是有机弱酸或弱碱,溶液的 pH 直接影响显色剂的解离程度，从而影响显色反应的完全程度。选择合适的 pH 是显色反应最基本的实验条件。溶液酸度对显色反应的影响是多方面的，如影响显色剂的平衡浓度和颜色变化、有机弱酸类的配位剂的存在形式、待测组分与配位剂形成的配合物的稳定性等。显色反应的最适宜酸度范围可以通过实验来确定。通常做法是测定某一固定浓度待测组分溶液吸光度随溶液酸度变化曲线，吸光度恒定（或变化较小）所对应的酸度为显色反应的最适宜酸度。

（3）显色反应的时间和温度　有些显色反应瞬间完成，而且颜色稳定，在较长的时间内变化不大。但有些显色反应速率较慢，溶液颜色需要经过一段时间才能稳定，而且经过一段时间后，由于氧化、光照、试剂挥发等因素使颜色减褪。实际工作中，确定适宜显色时间的方法是配制一份显色溶液，从加入显色剂开始，每隔一定时间测吸光度一次，绘制吸光度时间关系曲线。曲线平坦部分对应的时间就是测定吸光度的最适宜时间。

显色反应通常在室温下进行，但对于反应速率较慢的反应体系，则需要改变反应条件，例如对体系加热，从而加快反应速率。显色反应最适宜的温度也是通过实验确定的。

三、参比溶液的选择

使用紫外-可见分光光度计时，先要用参比溶液调节透射率，设定通过参比溶液的透射率为 100%，视具体情况选择合适的参比溶液。

（1）溶剂参比溶液　当样品组成较简单，共存的其他组分和显色剂对测定波长无吸收时，可用溶剂作为参比溶液，从而消除比色皿、溶液对测量结果的影响。

（2）试剂参比溶液　如果显色剂在测定波长处有吸收时，则测量过程应消除显色剂对测量的影响，此时可在溶剂中加入与样品溶液中相同含量的显色剂作为参比溶液。

（3）样品参比溶液　如果样品溶液组分较复杂，其他共存离子在测定波长下有吸收且与显色剂不发生显色反应，则可按与显色反应相同的条件处理样品，以不加显色剂的为参比溶液。

（4）平行操作参比溶液　若显色剂、样品溶液中各组分均在设定波长下有吸收，则可采用显色剂与除待测组分外的其他共存组分作为参比溶液。

第五节　紫外-可见分光光度法的应用

紫外-可见分光光度法因其具有灵敏度高、准确度高、选择性好、操作简单等特点已成为应用面较广的分析仪器。它的应用范围已涉及生物制药、药物分析、医疗卫生、化学化工、石油冶金等领域，是一种广泛应用的结构分析方法，也是对物质进行定性分析和定量分析的一种手段。

一、定性分析

（1）光谱对照　在相同条件下，测定未知物和已知标准物的吸收光谱，并进行图谱对比,如果二者的图谱完全一致,则可初步认为待测物质与标准物是同一种化合物。当没有标准化合物时,可以将未知物的吸收光谱与《中国药典》中收录的该药物的标准谱图进行对照比较。如果二者的图谱有差异,则二者非同一物质。

(2) 特征数据的比较 最大吸收波长 λ_{max} 和吸光系数是用于定性鉴别的主要光谱数据。在不同化合物的吸收光谱中,最大吸收波长 λ_{max} 和摩尔吸光系数 ε 可能很接近,但因分子量不同,百分吸光系数 $E_{1cm}^{1\%}$ 数值会有差别,所以在比较 λ_{max} 的同时还应比较它们的 $E_{1cm}^{1\%}$。例如黄体酮、睾酮、皮质激素等及其衍生物,在无水乙醇中测得 λ_{max} 都在 240nm±1nm,且 ε_{max} 差别不大,但 $E_{1cm}^{1\%}$ 差别很大,其数值可在 350~600 之间变化,由此可以鉴别它们。

(3) 吸光度比值的比较 有些物质的光谱上有几个吸收峰,可在不同的吸收峰(谷)处测得吸光度的比值作为鉴别的依据。例如维生素 B_{12} 有三个吸收峰,分别在 278nm、361nm、550nm 波长处,它们的吸光度比值应为:A_{361}/A_{278} 在 1.70~1.88 之间,A_{361}/A_{550} 在 3.15~3.45 之间。

> **知识拓展**
>
> 利用紫外-可见分光光度法也可以对样品纯度进行检查。例如《中国药典》中对维生素 C 注射液颜色的要求为:在溶液 pH 为 5.0~7.0 时,用水稀释制成 1mL 含 50mg 维生素 C 的溶液,在入射光波长为 420nm 时测定,其吸光度不得超过 0.06。

二、定量分析

根据朗伯-比尔定律,在一定条件下,待测溶液的吸光度与其浓度呈线性关系,可对待测组分进行定量分析。

1. 单一组分的测定

(1) 吸光系数法 如果待测样品的吸光系数已知或可查,从紫外-可见分光光度计上读出吸光度 A 的数值,就可直接利用朗伯-比尔定律计算出待测物质的浓度 c,因此该法也叫作吸光系数法。

【例 3-2】 已知维生素 B_{12} 在 361nm 处的百分吸光系数 $E_{1cm}^{1\%}$ 为 207。精密称取样品 30.0mg,加水溶解后稀释至 1000mL,在该波长处用 1.00cm 吸收池测定溶液的吸光度为 0.618,计算样品溶液中维生素 B_{12} 的质量分数。

解 根据朗伯-比尔定律:$A=klc$,待测溶液中维生素 B_{12} 的质量浓度为:

$$c_{测}=\frac{A}{E_{1cm}^{1\%}l}=\frac{0.618}{207\times1.00}=0.00299[\text{g}\cdot(100\text{mL})^{-1}]=0.0299(\text{g}\cdot\text{L}^{-1})$$

样品中维生素 B_{12} 的质量分数为:

$$\omega=\frac{0.0299\text{g}\cdot\text{L}^{-1}\times1.0\text{L}}{30\times10^{-3}\text{g}}\times100\%=99.7\%$$

> **案例**
>
> **盐酸异丙嗪灭菌水溶液含量测定**
>
> 对于盐酸异丙嗪的灭菌水溶液中盐酸异丙嗪（$C_{17}H_2ON_2 \cdot HCl$）含量的测定，具体操作为：取样品 2mL，置于 100mL 量瓶中，用盐酸溶液（9→1000）稀释至刻度，摇匀，精密量取 10mL，置另一 100mL 量瓶中，用水稀释至刻度，摇匀，照紫外-可见分光光度法，在 299nm 的波长处测定吸光度，按 $C_{17}H_2ON_2 \cdot HCl$ 的吸光系数 $E_{1cm}^{1\%}$ 为 108 计算。
>
> 参见《中国药典》

（2）标准对比法 在相同的条件下，配制浓度为 c_s 的标准溶液和浓度为 c_x 的待测溶液，平行测定样品溶液和标准溶液的吸光度 A_x 和 A_s，根据朗伯-比尔定律：

$$A_x = klc_x \tag{3-8}$$

$$A_s = klc_s \tag{3-9}$$

因为标准溶液和待测溶液中的吸光物质是同一物质，所以，在相同条件下，其吸光系数相等。如选择相同的比色皿，可得待测溶液的浓度：

$$c_x = \frac{A_x c_s}{A_s} \tag{3-10}$$

这种方法不需要测量吸光系数和样品池厚度，但必须有纯的或含量已知的标准物质用以配制标准溶液。

【例 3-3】 为测定维生素 B_{12} 原料药含量，准确称取试样 25.0mg，用蒸馏水溶解后，定量转移至 1000mL 容量瓶中，加蒸馏水至刻度后，摇匀。另称取同样质量的维生素 B_{12} 标准品，用蒸馏水溶解后，稀释至 1000mL，摇匀。在 361nm 波长处，用 1cm 比色皿分别测得样品溶液和标准品溶液的吸光度分别为 0.512 和 0.518。求试样中 B_{12} 的含量。

解 $$B_{12} = \frac{A_x}{A_s} \times 100\% = \frac{0.512}{0.518} \times 100\% = 98.8\%$$

（3）标准曲线法 首先，配制一系列浓度不同的标准溶液，分别测量它们的吸光度，将吸光度与对应浓度作图（A-c 图）。在一定浓度范围内，可得一条直线，称为标准曲线或工作曲线。然后，在相同的条件下测量未知溶液的吸光度，再从工作曲线上查得浓度。

当测试样品较多，且浓度范围相对较接近的情况下，例如产品质量检验等，这种方法比较适用。制作标准曲线时，标准溶液浓度范围应选择在待测溶液的浓度附近。这种方法与对比法一样，也需要标准物质。

2. 多组分的测定

如果在一个待测溶液中需要同时测定两个以上组分的含量，就是多组同时测定。多组分同时测定的依据是吸光度的加和性,即式(3-5),现以两组分为例作介绍。两种纯组分的吸收光谱可能存在以下三种情况。

(1) 吸收光谱互不重叠　如果混合物中 a、b 两个组分的吸收曲线互不重叠,则相当于两个单一组分,如图 3-10(a) 所示,则可用单一组分的测定方法分别测定 a、b 组分的含量。由于紫外吸收带很宽,所以对于多组分溶液,吸收带互不重叠的情况很少见。

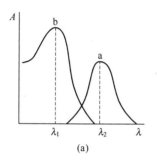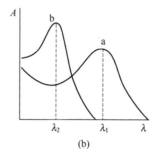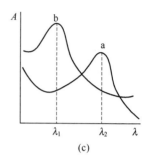

图 3-10　混合组分吸收光谱相互重叠的三种情况

(2) 吸收光谱部分重叠　如果 a、b 两组分吸收光谱部分重叠,如图 3-10(b),则表明 a 组分对 b 组分的测定有影响,而 b 组分对 a 组分的测定没有干扰。

首先测定纯物质 a 和 b 分别在 λ_1、λ_2 处的吸光系数 $\varepsilon^a_{\lambda1}$、$\varepsilon^a_{\lambda2}$ 和 $\varepsilon^b_{\lambda2}$,再单独测量混合组分溶液在 λ_1 处的吸光度 $A^a_{\lambda1}$,求得组分 a 的浓度 c_a。然后在 λ_2 处测量混合溶液的吸光度 $A^{a+b}_{\lambda2}$,根据吸光度的加和性,得:

$$A^{a+b}_{\lambda2}=A^a_{\lambda2}+A^b_{\lambda2}=\varepsilon^a_{\lambda2}lc_a+\varepsilon^b_{\lambda2}lc_b \tag{3-11}$$

从而可求出组分 b 的浓度为:

$$c_b=\frac{A^{a+b}_{\lambda2}-\varepsilon^a_{\lambda2}lc_a}{\varepsilon^b_{\lambda2}l} \tag{3-12}$$

(3) 吸收光谱相互重叠　两组分在 λ_1、λ_2 处都有吸收,两组分彼此相互干扰,如图 3-10(c)。在这种情况下,需要首先测定纯物质 a 和 b 分别在 λ_1、λ_2 处的吸光系数 $\varepsilon^a_{\lambda1}$、$\varepsilon^a_{\lambda2}$ 和 $\varepsilon^b_{\lambda1}$、$\varepsilon^b_{\lambda2}$,再分别测定混合组分溶液在 λ_1、λ_2 处的吸光度 $A^{a+b}_{\lambda1}$、$A^{a+b}_{\lambda2}$,然后列出联立方程:

$$\begin{cases} A^{a+b}_{\lambda1}=A^a_{\lambda1}+A^b_{\lambda1}=\varepsilon^a_{\lambda1}lc_a+\varepsilon^b_{\lambda1}lc_b \\ A^{a+b}_{\lambda2}=A^a_{\lambda2}+A^b_{\lambda2}=\varepsilon^a_{\lambda2}lc_a+\varepsilon^b_{\lambda2}lc_b \end{cases} \tag{3-13}$$

从而求得 a、b 的浓度为:

$$\begin{cases} c_a=\dfrac{\varepsilon^b_{\lambda2}A^{a+b}_{\lambda1}-\varepsilon^b_{\lambda1}A^{a+b}_{\lambda2}}{(\varepsilon^a_{\lambda1}\varepsilon^b_{\lambda2}-\varepsilon^a_{\lambda2}\varepsilon^b_{\lambda1})l} \\ c_b=\dfrac{\varepsilon^a_{\lambda2}A^{a+b}_{\lambda1}-\varepsilon^a_{\lambda1}A^{a+b}_{\lambda2}}{(\varepsilon^a_{\lambda1}\varepsilon^b_{\lambda2}-\varepsilon^a_{\lambda2}\varepsilon^b_{\lambda1})l} \end{cases} \tag{3-14}$$

如果有 n 个组分的光谱相互干扰，就必须在 n 个波长处分别测得试样溶液吸光度的加和值，以及该波长下 n 个纯物质的摩尔吸光系数，然后解 n 元一次方程组，进而求出各组分的浓度，这种方法叫解方程组法。

> **案例**
>
> **银黄口服液含量测定**
>
> 银黄口服液是临床上的一种常用药，常用于上呼吸道感染、急性扁桃体炎、咽炎。其有效成分测定方法如下：
>
> 精密量取银黄口服液 2mL，置 100mL 量瓶中，加水至刻度，摇匀；再精密量取 2mL，置 100mL 量瓶中，加 0.2mol·L^{-1} 盐酸溶液至刻度，摇匀；在 278nm 与 318nm 的波长处分别测定吸光度，按下式计算绿原酸和黄芩苷含量。
>
> $$\begin{cases} c_1 = 2.599 E_{318} - 1.522 E_{278} \\ c_2 = 2.121 E_{278} - 0.9169 E_{318} \end{cases} \tag{3-15}$$
>
> 绿原酸（$C_{16}H_{18}O_9$）的含量（mg·mL^{-1}）$= \dfrac{c_1 \times 100 \times 100}{100 \times 2 \times 2}$ (3-16)
>
> 黄芩苷（$C_{21}H_{18}O_{11}$）的含量（mg·mL^{-1}）$= \dfrac{c_2 \times 100 \times 100}{100 \times 2 \times 2}$ (3-17)
>
> 式中，c_1 为供试品溶液中绿原酸浓度，mg·(100mL)$^{-1}$；c_2 为供试品溶液中黄芩苷浓度，mg·(100mL)$^{-1}$；E_{278} 为供试品溶液在 278nm 波长处测得的吸光度；E_{318} 为供试品溶液在 318nm 波长处测得的吸光度。
>
> 合格的银黄口服液，每支含金银花提取物以绿原酸（$C_{16}H_{18}O_9$）计，不得少于 0.108g；含黄芩提取物以黄芩苷（$C_{21}H_{18}O_{11}$）计，不得少于 0.216g。
>
> 参见《中国药典》

对于多组分样品，还有等吸收波长消去法。假设试样中含有 A、B 两组分，若要测定 B 组分，A 组分有干扰，采用双波长法进行 B 组分测量时方法如下：为了消除 A 组分的吸收干扰，一般首先选择待测组分 B 的最大吸收波长 λ_2 为测量波长，然后用作图法选择参比波长 λ_1，做法如图 3-11 所示。

在 λ_2 处作一波长为横轴的垂直线，交于组分 B 吸收曲线的另一点，再从这点作一条平行于波长轴的直线，交于组分 B 吸收曲线的另一点，该点所对应的波长称为参比波长 λ_1。可见组分 A 在 λ_2 和 λ_1 处是等吸收点，即 $A_{\lambda_2}^A = A_{\lambda_1}^A$。

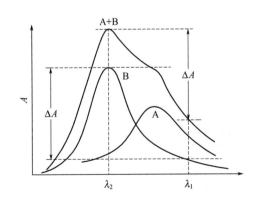

图 3-11 等吸收波长消去法示意图

由吸光度的加和性可见，混合试样在 λ_2 和 λ_1 处的吸光度可表示为：

$$\begin{cases} A_{\lambda 2} = A_{\lambda 2}^{A} + A_{\lambda 2}^{B} \\ A_{\lambda 1} = A_{\lambda 1}^{A} + A_{\lambda 1}^{B} \end{cases} \tag{3-18}$$

双波长分光光度计的输出信号为 ΔA，则：

$$\Delta A = A_{\lambda 2} - A_{\lambda 1} = (A_{\lambda 2}^{A} + A_{\lambda 2}^{B}) - (A_{\lambda 1}^{A} + A_{\lambda 1}^{B})$$

因为：
$$A_{\lambda 2}^{A} = A_{\lambda 1}^{A}$$

所以：
$$\Delta A = A_{\lambda 2}^{B} - A_{\lambda 1}^{B} = (\varepsilon_{\lambda 2}^{B} - \varepsilon_{\lambda 1}^{B}) l c_B \tag{3-19}$$

可见仪器的输出信号 ΔA 与干扰组分 A 无关，它只正比于待测组分 B 的浓度，即消除了 A 的干扰。

知识拓展

紫外-可见分光光度法主要用于有机化合物的分析。在医药学领域，紫外-可见分光光度法有很重要的用途。药物中由于含有在紫外-可见光区能产生吸收的基团，因而能显示吸收光谱。利用药物结构中的这些官能团，可以对其进行紫外光谱分析。目前，紫外-可见分光光度法已在药物分析、含量检测等方面得到了广泛的应用。在国内外的药典中，已将众多的药物紫外吸收光谱的最大吸收波长和吸收系数载入其中，为药物分析提供了很好的手段。

习题

一、填空题

1. 在分光光度法中以_____为横坐标，以_____为纵坐标作图，可得光吸收曲线。

2. 在紫外-可见分光光度法中，吸光度与透射率之间的关系为_____。

3. 朗伯-比尔定律中吸光度与溶液浓度之间的关系式为_____，其具体意义为_____。

4. 当溶液浓度以物质的量浓度表示时，此时吸光系数称为_____，用符号_____表示。

5. 紫外-可见分光光度计的基本组成包括五个部分，为_____、_____、_____、_____和_____。

6. 各种物质都有特征的吸收曲线和最大吸收波长，这种特性可作为物质_____的依据；同种物质的不同浓度溶液，任一波长处的吸光度随物质的浓度的增加而增大，这是物质_____的依据。

7. 朗伯-比尔定律表达式中的吸光系数在一定条件下是一个常数，它与_____、_____及_____无关。

8. 符合朗伯-比尔定律的 Fe^{2+}-邻二氮菲显色体系，当 Fe^{2+} 浓度 c 变为 $3c$ 时，A 将_____，T 将_____，ε 将_____。

二、选择题

1. 指出下列哪种是紫外-可见分光光度计常用的光源。（   ）
   A. 硅碳棒   B. 激光器
   C. 空心阴极灯   D. 卤钨灯

2. 在一定波长处，用 2.0cm 吸收池测得某样品溶液的百分比透光率为 71%，若改用 3.0cm 吸收池时，该溶液的吸光度 A 为（   ）。
   A. 0.10   B. 0.37
   C. 0.22   D. 0.45

3. 常见紫外-可见分光光度计的波长范围为（   ）。
   A. 200~400nm   B. 400~760nm
   C. 200~760nm   D. 400~1000nm

4. 测定一系列浓度相近的样品溶液时，常选择的测定方法为（   ）。
   A. 标准曲线法   B. 标准对比法
   C. 绝对法   D. 解方程计算

5. 在分光光度法中，运用朗伯-比尔定律进行定量分析采用的入射光为（   ）。
   A. 白光   B. 单色光
   C. 可见光   D. 紫外光

6. 许多化合物的吸收曲线表明，它们的最大吸收常常位于 200~400nm 之间，对这一光谱区应选用的光源为（   ）。
   A. 氘灯或氢灯   B. 能斯特灯
   C. 钨灯   D. 空心阴极灯

7. 双波长分光光度计和单波长分光光度计的主要区别是（   ）。
   A. 光源的个数   B. 单色器的个数
   C. 吸收池的个数   D. 单色器和吸收池的个数

8. 符合朗伯-比尔定律的有色溶液稀释时，其最大吸收峰的波长位置（   ）。
   A. 向长波方向移动   B. 向短波方向移动
   C. 不移动，但最大吸收峰强度降低 D. 不移动，但最大吸收峰强度增大

9. 在符合朗伯-比尔定律的范围内，溶液的浓度、最大吸收波长、吸光度三者的关系是（   ）。
   A. 增加、增加、增加   B. 减小、不变、减小
   C. 减小、增加、减小   D. 增加、不变、减小

10. 在紫外-可见分光光度法测定中，使用参比溶液的作用是（   ）。
    A. 调节仪器透光率的零点
    B. 吸收入射光中测定所需要的光波

C. 调节入射光的光强度

D. 消除试剂等非测定物质对入射光吸收的影响

11. 在比色法中，显色反应的显色剂选择原则错误的是（　　）。

A. 显色反应产物的ε值愈大愈好

B. 显色剂的ε值愈大愈好

C. 显色剂的ε值愈小愈好

D. 显色反应产物和显色剂，在同一光波下的ε值相差愈大愈好

12. 常用作光度计中获得单色光的组件是（　　）。

A. 光栅（或棱镜）+反射镜　　　　B. 光栅（或棱镜）+狭缝

C. 光栅（或棱镜）+稳压器　　　　D. 光栅（或棱镜）+准直镜

13. 某药物的摩尔吸光系数（ε）很大，则表明（　　）。

A. 该药物溶液的浓度很大　　　　B. 光通过该药物溶液的光程很长

C. 该药物对某波长的光吸收很强　　D. 测定该药物的灵敏度不高

三、计算题

1. 某化合物的最大吸收波长 $\lambda_{max}=270nm$，当使用 1cm 的吸收池，光线通过溶液浓度为 $1.0\times10^{-5} mol \cdot L^{-1}$ 时，透射率为 50%，试求该化合物在 270nm 处的吸光度以及摩尔吸光系数。[0.30；$3.0\times10^4 L \cdot mol^{-1} \cdot cm^{-1}$]

2. 称取维生素 C 0.0500g，溶于 100mL 的 $5mol \cdot L^{-1}$ 硫酸溶液中，准确量取此溶液 2.00mL，稀释至 100mL，取此溶液于 1cm 吸收池中，在 $\lambda_{max}=245nm$ 处测得 A 值为 0.498。求样品中维生素 C 的质量分数 [$E_{1cm}^{1\%}=560$]。（88.9%）

3. 今有 A、B 两种药物组成的复方制剂溶液。在 1cm 吸收池中，分别以 295nm 和 370nm 的波长进行吸光度测定，测得吸光度分别为 0.320 和 0.430。浓度为 $0.01mol \cdot L^{-1}$ 的 A 对照品溶液，在 1cm 的吸收池中，波长为 295nm 和 370nm 处，测得吸光度分别为 0.08 和 0.90；同样条件，浓度为 $0.01mol \cdot L^{-1}$ 的 B 对照品溶液测得吸光度分别为 0.67 和 0.12。计算复方制剂中 A 和 B 的浓度（假设复方制剂其他试剂不干扰测定）。（$c_A=3.9\times10^{-3}mol \cdot L^{-1}$；$c_B=4.3\times10^{-3}mol \cdot L^{-1}$）

四、简答题

1. 朗伯-比尔定律的物理意义是什么？为什么说比尔定律只适用于单色光？浓度 c 与吸光度 A 线性关系发生偏离的主要因素有哪些？

2. 紫外-可见分光光度计从光路分有哪几类？各有何特点？

3. 简述紫外-可见分光光度计的主要部件、类型及基本性能。

第四章
红外吸收光谱法

> **学习目标**
>
> 1. 熟悉红外吸收光谱产生的条件；
> 2. 掌握分子振动频率、振动方式、振动自由度与红外光谱的关系；
> 3. 理解红外光谱与分子结构的关系以及环境因素的关系；
> 4. 熟悉重要官能团和化合物的基团频率和特征吸收峰；
> 5. 了解红外光谱仪基本部件、特点和样品处理方法；
> 6. 掌握红外光谱图解析的基本方法。

第一节 概述

基于物质对红外辐射的选择性吸收而建立起来的定性、定量和结构分析的方法，称为红外吸收光谱法。

红外辐射是介于可见光和微波之间的电磁辐射，其波长范围约为 $0.75\sim 1000\mu m$，波数范围约为 $13333\sim 10cm^{-1}$。其中红外光波长在 $2.5\sim 25\mu m$，波数在 $4000\sim 400cm^{-1}$ 范围，称为中红外区。红外吸收光谱是由于分子内振动、转动能级跃迁而产生的。大多数有机化合物的红外吸收都出现在中红外区。

早在 1800 年英国人威廉·赫歇尔（Willian Herher）就发现了红外辐射，但由于红外光的检测比较困难，直至 20 世纪初，化学家才比较系统地研究纯物质的红外光谱，并发现吸收谱带与分子基团的关系。20 世纪 30 年代，人们开始研制红外光谱仪。20 世纪 50 年代，人们开始进行大量红外光谱研究工作，收集大量纯物质的标准红外光谱图。红外吸收光谱法现已成为有机结构分析最成熟、最常用的检测手段之一。

红外光谱图是以透光率为纵坐标，波数为横坐标，表示透光率随波数变化的图谱。如图 4-1 所示是阿司匹林的红外吸收光谱图，吸收峰向下，谱图比紫外-可见吸收光谱要复杂得多。

为了便于观察和解析，红外光谱一般分为官能团区和指纹区两部分。官能团区波数在 $4000\sim 1300cm^{-1}$，其吸收谱带比较稀疏，强度大，易辨认，主要反映分子

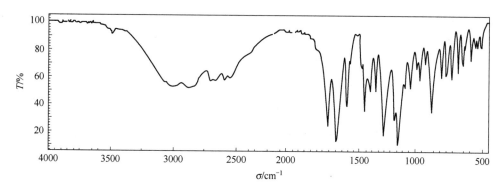

图 4-1　阿司匹林的红外吸收光谱

中特征基团的振动，常用于鉴别官能团的存在。指纹区波数在 1300～500cm^{-1}，吸收谱带比较密集，犹如人的指纹一样，分子结构细微差异在此区会得到反映，对鉴别化合物结构很有帮助。

红外光谱图谱复杂，特征性强，信息量大。除光学异构体外，几乎每一种化合物都有自身特定的红外光谱。通过试样的红外光谱可推测化合物含有的基团，从而推断化合物的分子结构。

红外吸收光谱法，操作简便，测定速度快；样品用量少，不破坏试样，使用试剂少，不污染环境；能分析各种状态（气、液、固）的试样；应用范围广。主要用于化合物鉴定和分子结构表征，亦用于定量分析。其缺点是分析灵敏度不高，定量分析误差也较大。

第二节　基本原理

一、产生红外吸收的两个必要条件

红外光谱是由于试样分子吸收红外辐射引起分子振动能级跃迁而产生的。分子吸收红外辐射必须满足两个必要条件：

① 红外辐射能量应刚好等于分子振动能级跃迁所需的能量，即红外辐射的频率要与分子中某基团振动频率相同时，分子才能吸收红外辐射；

② 在分子振动过程中，必须有偶极矩的改变。

分子偶极矩是分子中正、负电荷的大小与正、负电荷中心的距离的乘积。极性分子就整体来说是电中性的，但由于构成分子的各原子电负性有差异，分子中原子在平衡位置不断振动，在振动过程中，正、负电荷的大小和正、负电荷中心的距离呈周期性变化，因而分子的偶极矩呈周期性变化。当分子偶极矩变化频率与红外辐射频率一致时，由于振动耦合而增加振动能，使振幅增大，产生红外吸收。这种能使分子偶极矩发生改变的振动，称为红外活性振动。如果在振动过程中没有偶极矩发生改变，分子就不吸收红外辐射。这种无偶极矩变化的振动，称为红外非活性振动。例如，CO_2 分子是对称线性分子，其永久偶极矩为零，但它的两个羰基不对称的伸缩振动和弯曲振动能引起偶极矩变化,在红外光谱上有相应的吸收峰;两个羰基对称伸缩振动,由于对称伸缩过程极性相互抵消,分子没有偶极矩变化,不吸收红外辐射,红外光谱上就没有相应的吸收峰。

二、分子的振动和红外光谱

红外光谱图中吸收谱带的位置(峰位)是由分子中原子的振动方式和振动频率等因素决定的,而吸收谱带的强弱(峰强)是由分子的振动类型、电荷分布和偶极矩变化、跃迁概率等因素决定的。

1. 分子的振动方式

双原子分子只有一种振动方式,即沿着键轴方向的伸缩振动。将它视为简谐振动,由胡克(Hooke)定律,其基本振动频率可由下式计算:

$$\sigma(\text{cm}^{-1})=1302\sqrt{\frac{k}{\mu}} \quad (4\text{-}1)$$

式中,k 是化学键的力常数,是将化学键两端的原子由平衡位置拉长 0.1nm 后的恢复力,N/cm,表 4-1 是常见化学键的力常数;μ 是两个成键原子的折合相对原子质量,$\mu=\dfrac{M_1 M_2}{M_1+M_2}$。

表 4-1 常见化学键的力常数

化学键	C—C	C=C	C≡C	C—H	O—H	N—H	C=O
$k/(\text{N/cm})$	4.5	9.6	15.6	5.1	7.7	6.4	12.1

例如,C=O 键,$\mu=\dfrac{12\times16}{12+16}\approx 6.86$,$\sigma=1302\sqrt{\dfrac{12.1}{6.86}}=1729(\text{cm}^{-1})$。大多数有机化合物中羰基在红外光谱图中的吸收谱带,与此计算值基本一致。例如,酮分子的羰基吸收峰在 1715cm^{-1},酯分子的羰基吸收峰在 1735cm^{-1}。

分子振动频率大小决定于化学键的强度和原子质量,化学键越牢固,原子质量越小,振动频率越高。不同分子,结构不同,化学键力常数和原子质量各不相同,分子振动频率各不相同,振动时所吸收的红外辐射频率也各不相同。因此不同分子形成自身特征的红外光谱,这是红外光谱用于定性鉴定和结构分析的基础。

对于多原子分子,随着原子数目增加,其振动方式则复杂得多,但基本上可分为两类形式。

(1) 伸缩振动(ν) 伸缩振动是指化学键沿着键轴方向周期性伸长和缩短,键长发生周期性变化,键角不变的振动。按其对称性不同,可分为对称伸缩振动和不对称伸缩振动。

① 对称伸缩振动(ν^s) 振动时各个键同时伸长或同时缩短。

② 不对称伸缩振动(ν^{as}) 振动时各个键有的伸长,有的缩短。

伸缩振动吸收的能量较高,同一基团伸缩振动吸收谱带常出现在高波数端,基团环境改变对其影响不大。一般来说，同一基团不对称伸缩振动频率比对称伸缩振动频率又要高一些。

（2）弯曲振动（δ） 弯曲振动是指基团键角发生周期性变化而键长不变的振动，可分为面内弯曲振动和面外弯曲振动。

① 面内弯曲振动（β） 指振动方向位于键角平面内的振动，可分为剪式振动和面内摇摆。剪式振动（δ）是指两个原子在同一平面内彼此相向弯曲，键角发生周期性变化的振动。剪式振动犹如剪刀的开和合一样。面内摇摆振动（ρ）是指振动时键角不发生变化，基团作为一个整体在键角平面内左右摇摆。

② 面外弯曲振动（γ） 指垂直于键角平面的弯曲振动，可分为面外摇摆和扭曲振动。面外摇摆振动（ω）是指基团作为一个整体做垂直于键角平面的前后摇摆，而键角不发生变化的振动。扭曲振动（τ）是指振动时原子离开键角平面，向相反方向来回扭动。

分子的各种振动形式，以亚甲基—CH_2—为例，如图 4-2 所示。

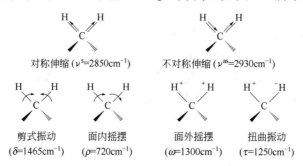

图 4-2 亚甲基的六种振动形式

＋、一分别表示垂直于纸面向里和向外

2. 分子的振动自由度和峰数

分子基本振动的数目称为振动自由度。研究分子的振动自由度，有助于了解化合物的红外光谱吸收峰的数目（峰数）。

红外辐射能量较低，不足以引起分子中电子能级跃迁。在红外光谱中，通常只考虑三种运动方式，即平动（平移）、振动和转动的能级跃迁。分子平动能变化，不产生光谱，转动能级跃迁产生远红外光谱，此处不讨论。只有振动能级跃迁，才能产生中红外光谱。

在三维空间中确定一个原子（看成一个质点）的位置，可用 x、y、z 三个坐标，称为三个自由度。由 N 个原子组成的分子，总的运动自由度为 $3N$（由分子平动、振动和转动自由度构成）。

所有分子都有三个平动自由度。非线性分子，整个分子可以绕三个坐标轴转动，即有三个转动自由度。而线性分子，由于以键轴为转动轴的转动，其转动惯量为零，没有能量变化，因而线性分子只有两个转动自由度。

分子的振动自由度＝分子的总自由度（$3N$）－平动自由度－转动自由度

非线性分子振动自由度＝3N－3－3＝3N－6

线性分子振动自由度＝3N－3－2＝3N－5

例如，水分子是非线性分子，分子振动自由度＝3N－6＝3×3－6＝3，有三种基本振动方式。

$$\nu_{OH}^s\ 3652cm^{-1} \qquad \nu_{OH}^{as}\ 3765cm^{-1} \qquad \delta_{OH}\ 1595cm^{-1}$$

又如，线性分子二氧化碳，分子振动自由度＝3N－5＝3×3－5＝4，有四种基本振动方式。

$$\nu_{C=O}^s\ 1388cm^{-1} \qquad \nu_{C=O}^{as}\ 2349cm^{-1} \qquad \beta_{C=O}\ 667cm^{-1} \qquad \gamma_{C=O}\ 667cm^{-1}$$

在实际红外光谱上，二氧化碳只能看到 $2349cm^{-1}$、$667cm^{-1}$ 两个吸收峰。因为 $\nu_{C=O}^s$ 振动偶极矩没有发生变化，不能吸收红外辐射，$\beta_{C=O}$ 和 $\gamma_{C=O}$ 振动吸收相同频率的红外辐射。

从理论上来说，每种振动形式都有其特定的振动频率，每种基本振动都能吸收相应波数的红外辐射，在红外光谱图上产生相应的吸收峰。但实际上红外光谱图吸收峰数目往往少于振动方式数目。其原因主要有以下几方面：

① 对称分子的某些振动不能产生偶极矩变化，称这些振动为红外非活性，无红外吸收；

② 可能有某些振动频率相同，吸收峰重合，称这些振动为"简并"；

③ 吸收峰太弱仪器分辨不出或吸收峰在仪器检测范围之外。

3. 红外吸收峰的强弱

分子振动时偶极矩变化不仅决定了该分子能否吸收红外辐射，还决定了吸收谱带的强弱。分子振动时偶极矩变化越大，吸收谱带则越强。分子振动时偶极矩变化大小取决于分子或化学键的极性和分子结构的对称性。一般极性越大的分子、基团、化学键，分子振动时偶极矩变化则越大，吸收谱带越强；分子结构对称性越高，振动中分子偶极矩变化越小，谱带强度越弱。

红外光谱吸收峰强度可用摩尔吸光系数 ε 来划分强弱等级，一般定性地用很强（vs，$\varepsilon>100$）、强（s，$20<\varepsilon<100$）、中强（m，$10<\varepsilon<20$）、弱（w，$1<\varepsilon<10$）和很弱（vw，$\varepsilon<1$）等表示。

此外，尖锐吸收峰用 sh 表示，宽吸收峰用 b 表示，强度可变吸收峰用 v 表示。

第三节 基团频率和特征吸收峰

一、重要红外光谱区域

1. 基频峰和泛频峰

振动能级从基态跃迁到第一激发态（称为基本跃迁）所产生的吸收峰，称为基频峰。基频跃迁概率大且峰强度强。基频峰频率即为分子或基团的基本振动频率。由基态跃迁到第二、第三激发态所产生的吸收峰，称为倍频峰。通常倍频峰比基频峰弱。基频峰和倍频峰都是红外光谱最重要的吸收峰。

此外，两种跃迁吸收频率之和或之差，称为合频峰或差频峰。倍频峰、合频峰和差频峰统称为泛频峰，泛频跃迁概率很小，峰一般较弱。

2. 特征峰和相关峰

研究发现，组成分子的各种基团都有自己的特征红外吸收频率范围和吸收峰。人们称这些能鉴别基团存在并有较高强度的吸收峰为特征峰，其相应的频率称为特征频率或基团频率。例如，羰基一般在波数 $1870\sim1650\text{cm}^{-1}$ 之间出现强吸收谱带，分子其他部分结构对其影响不大，人们通常依靠此特征频率来鉴别羰基的存在。

对于一个基团来说，除了有特征峰外，还有一些其他振动形式的吸收峰。习惯上把同一基团出现的相互依存又能相互佐证的吸收峰，称为相关峰。例如，亚甲基的相关峰有 $\nu^s=2850\text{cm}^{-1}$、$\nu^{as}=2930\text{cm}^{-1}$、$\delta=1465\text{cm}^{-1}$、$\rho=720\text{cm}^{-1}$、$\omega=1300\text{cm}^{-1}$、$\tau=1250\text{cm}^{-1}$，这些吸收峰可以相互佐证来确定亚甲基的存在。

由一组相关峰来确定某基团的存在是解析红外光谱的一条重要原则。

3. 红外光谱分区

（1）基团频率区　该区波数 $4000\sim1300\text{cm}^{-1}$，是由于分子中基团的伸缩振动所产生的特征吸收频率，吸收谱带比较稀疏，容易辨认，常用于鉴定官能团的存在，又称为官能团区。此区又可分为 4 个小区，如表 4-2 所示。

表 4-2　基团频率区

区域	波数/cm^{-1}	基　团	振动形式	吸收强度
1	3700～3600	游离 OH（非缔合）	伸缩	m·sh
	3500～3200	缔合 OH	伸缩	s·b
	3500～3300	游离 NH$_2$	伸缩	m
	3500～3100	缔合 NH$_2$	伸缩	s·b
	3300～3250	—C≡CH	伸缩	s·sh
	3100～3000	=CH$_2$	伸缩	m
	3100～3000	芳环中 C—H	伸缩	m
	2960 和 2870	—CH$_3$	不对称伸缩和对称伸缩	s
	2930 和 2850	—CH$_2$—	不对称伸缩和对称伸缩	s
	2980	≡CH	伸缩	w
	2900～2700	醛基中 C—H	伸缩	
2	2260～2240	RC≡N	伸缩	s
	2260～2190	RC≡CR′	伸缩	v
	无吸收	RC≡CR		
	2000～1667	苯环	泛频峰	w

续表

区域	波数/cm^{-1}	基团	振动形式	吸收强度
3	1740~1720	醛中羰基	伸缩	s
	1725~1705	酮和羧酸中羰基	伸缩	s
	1740~1710	酯(非环状)中羰基	伸缩	s
	1700~1640	酰胺中羰基	伸缩	s
	1675~1640	C=N	伸缩	v
	1675~1600	C=C(脂肪)	伸缩	v
	1630~1575	—N=N—	伸缩	v
	1600,1580,1500	C=C(芳环骨架)	伸缩	m→s
	1600~1500	—NO$_2$	不对称伸缩	
4	1465	—CH$_2$—	面内弯曲	m
	1450	—CH$_3$	面内弯曲(不对称)	m
	1375	—CH$_3$	面内弯曲(对称)	s
	1385~1365(双峰)	—CH(CH$_3$)$_2$	CH$_3$对称弯曲振动裂分	
	1395~1365(双峰)	—C(CH$_3$)$_3$	CH$_3$对称弯曲振动裂分	

注:s—强吸收;m—中强吸收;w—弱吸收;sh—尖锐吸收;b—宽吸收;v—吸收强度可变。

(2) 指纹区 此区波数在1300~500cm^{-1},主要是C—H、N—H、O—H弯曲振动,C—O、C—N、C—X(卤素)等伸缩振动,以及C—C单键骨架振动等产生,如表4-3所示。指纹区吸收谱带非常复杂,不容易辨认,但也存在某些基团的特征吸收频率,如900~650cm^{-1}区域对于区别顺反异构和苯环的取代基位置十分有用。

表 4-3 指纹区

波数/cm^{-1}	基团	振动形式	吸收强度
1300~1000	C—O	伸缩	
1280~1150	C—O—C	伸缩	s
1400~1000	C—F	伸缩	m→s
800~600	C—Cl	伸缩	m→s
970~960	RCH=CRH(反式)	面外弯曲	m→s
770~665	RCH=CRH(顺式)	面外弯曲	m→s
850~800(单峰)	对二取代苯(2H)①	面外弯曲	m→s
810~780(三个峰)	间二取代苯(1H)	面外弯曲	m→s
750(单峰)	邻二取代苯(4H)	面外弯曲	m→s
750~700(两个峰)	单取代苯(5H)	面外弯曲	

① 相邻氢数目。

4. 重要化合物吸收峰位置

表4-4是重要化合物的吸收峰位置,供解析红外光谱时查阅核对。

二、影响基团频率的因素

基团频率主要取决于化学键力常数和成键原子质量,但分子内部其他基团和环境因素的影响,使得基团频率及其强度在一定范围内发生变化。影响基团频率位移的因素可分为内部因素和外部因素。

表 4-4 重要化合物的红外吸收峰位置

化合物或基团	波数范围/cm^{-1}	化合物或基团	波数范围/cm^{-1}
乙炔	3300～3250(m 或 s)	羧酸	3550(m)(稀溶液)
	2250～2100(w)		3000～2440(s,宽)
乙醇(纯)	3350～3250(s)		1760(s)(稀溶液)
	1440～1320(m 或 s)		1710～1680(s)(纯)
	680～620(m 或 s)		1440～1400(m)
乙醛	2830～2810(m)		960～910(s)
	2740～2720(m)	氯代基	850～650(m)
	1725～1695(s)	腈基	2190～2130(s)
	1440～1320(s)	酯	1765～1720(s)
烷基	2980～2850(m)		1290～1180(s)
	1470～1450(m)	醚	1285～1170(s)
	1400～1360(m)		1140～1020(s)
酰胺($CONH_2$)	3540～3520(m)	氟烷基	1400～1000(s)
	3400～3380(m)	甲基	2970～2780(s)
	1680～1660(s)		1475～1450(m)
	1650～1610(m)		1400～1365(m)
(CONHR)	3440～3420(m)	亚甲基(CH_2,烷烃)	2940～2920(m)
	1680～1640(s)		2860～2850(m)
	1560～1530(s)		1470～1450(m)
	1310～1290(m)	(烯烃)	3090～3070(m)
	710～690(m)		3020～2980(m)
($CONR_2$)	1670～1640(s)	腈	2240～2220(m)
胺(伯)	3460～3280(m)	硝基(NO_2,烷烃)	1570～1550(s)
	2830～2810(m)		1380～1320(s)
	1650～1590(s)		920～830(m)
(仲)	1190～1130(m)	(芳香烃)	1480～1460(s)
	740～700(m)	吡啶基(C_5H_4N)	3080～3020(m)
氨	3200(s)		1620～1580(m)
	1430～1390(m)		1590～1560(m)
芳香烃	3100～3000(m)		840～720(s)
	1630～1590(m)	磺酸($ROSO_3R'$)	1440～1350(s)
	1520～1480(m)		1230～1150(s)
	900～650(s)	($ROSO_3M$)	1260～1210(s)
溴代基	700～550(m)		810～770(s)
叔丁基	2980～2850(m)	($ROSO_3H$)	1250～1150(s,宽)
	1400～1390(m)	SCN	2175～2160(m)
	1380～1360(s)	硫代基	2590～2560(w)
羰基	1870～1650(s,宽)		700～550(w)
		乙烯基($CH_2=CH-$)	3095～3080(m)
			1645～1605(m 或 s)
			1000～900(s)

注：1. 括号内给出峰的强度：s 表示强，m 表示中，w 表示弱。
2. M 代表金属。
3. 本表光谱数据大部分来自方惠群、于俊生、史坚编著的《仪器分析》(科学出版社，2002)。

1. 内部因素

（1）电子效应　电子效应包括诱导效应和共轭效应。

电负性不同的取代基，通过静电诱导作用，引起分子中电子云密度变化，从而引起化学键力常数发生变化，使基团特征频率发生位移，这种效应称为诱导效应。随着取代基电负性的增大，振动频率向高波数位移；反之，向低波数位移。例如，液体丙酮 $\nu_{C=O}$ 为 $1718cm^{-1}$，而酰氯 $\nu_{C=O}$ 则在 $1815\sim1750cm^{-1}$ 之间，这是因为氯电负性比甲基大，产生吸电子诱导效应的结果。

共轭体系的分子由于大 π 键的形成，使电子云密度平均化，导致双键略有增长，单键略有缩短，致使双键振动频率向低波数位移，单键振动频率向高波数位移，这种效应称为共轭效应。例如，液体丙酮 $\nu_{C=O}$ 为 $1718cm^{-1}$，而苯乙酮 $\nu_{C=O}$ 则下降到 $1685cm^{-1}$，是因为苯环和羰基产生共轭效应。

（2）氢键效应　由于形成氢键而使电子云密度平均化，使振动频率向低波数位移，称为氢键效应。氢键的影响从羟基、氨基游离态和缔合态的红外光谱数据显而易见。

（3）振动耦合效应　当两个振动频率相同或相近的基团相邻并由同一原子相连时，它们之间相互作用，使振动频率发生分裂，一个向高频方向位移，另一个向低频方向位移，这种效应称为振动耦合效应。例如，羧酸酐两个 $\nu_{C=O}$ 振动耦合分裂为 $1820cm^{-1}$、$1760cm^{-1}$ 两个吸收峰，两峰相距大约 $60cm^{-1}$，这是酸酐区别于其他羰基化合物的主要标志。

此外，环张力、互变异构、空间效应等因素，对振动频率均有影响。

2. 外部因素

外部因素主要有试样的状态、制样方法、溶剂和温度等。同一物质，聚集状态不同，分子间作用力不同，其吸收光谱也不同。通常物质由固态向气态变化，其波数将增加；极性基团的伸缩振动频率，随溶剂极性增加而降低，而在非极性溶剂中变化不大；物质在低温时，吸收峰尖锐一些，复杂一些，随着温度升高，谱带变宽，峰数变少。因此，在查阅标准红外图谱时，应注意试样状态、制样方法和测量条件等因素。

第四节　傅里叶变换红外光谱仪（FT-IR）和样品处理方法

常用的红外光谱仪有色散型和傅里叶变换型两大类。由于以光栅为色散元件的色散型红外光谱仪在诸多方面已不能满足实际工作需要，下面只简单介绍基于干涉调频分光的傅里叶变换红外光谱仪的主要部件和特点。

一、傅里叶变换红外光谱仪

傅里叶变换红外光谱仪是利用光的干涉方法，经过傅里叶变换而获得物质红外光谱信号的仪器。它没有色散元件，由光源（碳硅棒、高压汞灯）、迈克耳逊（Michelson）干涉仪、检测器、电子计算机和记录仪等部件组成，如图 4-3 所示。核心部分为迈克耳逊干涉仪，它将光源来的信号以干涉图的形式送往计算机进行傅

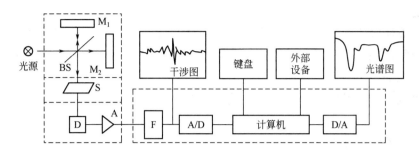

图 4-3 傅里叶变换红外光谱仪示意图

M_1—固定镜；M_2—可动镜；BS—光束分裂器；S—样品；D—检测器；
A—放大器；F—滤光器；A/D—模拟/数字转换器；D/A—数字/模拟转换器

里叶变换数学处理，最后将干涉图还原成光谱图。

傅里叶变换红外光谱仪的特点：

① 扫描速度快，测量时间短，可在 1s 中内获得红外光谱，可用于测定不稳定物质或对快速反应跟踪分析，也便于和色谱联用；

② 灵敏度高，检出限可达 $10^{-12} \sim 10^{-9}$g，可用于超痕量分析；

③ 杂散光少，分辨率高，波长精度可达 0.01cm^{-1}；

④ 光谱范围广，测定精度高，重复性可达 0.1%，对温度、湿度要求不高。

傅里叶变换红外光谱仪是许多国家药典绘制药品红外光谱的指定仪器。

二、样品处理方法

气、液及固态样品均可用红外光谱。一般对试样的要求如下：

① 试样纯度应大于 98% 或符合商业规格，这样便于与标准光谱对照。复杂组分的试样各组分光谱相互重叠，难于解析，要分离提纯后才能检测或用气相色谱-红外联用（GC-IR）检测。

② 试样中应不含有水分，以免干扰样品中羟基峰的观察或侵蚀吸收池盐窗。

③ 试样的浓度和测试厚度应适当，确保光谱图中的大多数吸收峰的透光率处于 10%～80% 范围内。

1. 气体样品

气体样品可灌入气体槽内进行测定。气体槽的主体是玻璃筒，直径 40mm，长度 100～500mm，两端粘有红外透光的 NaCl 或 KBr 窗片，红外光从此窗片透过。先将气体槽内抽成真空，再将试样注入。槽内压力一般为 6.7kPa。

2. 液体样品

液体样品制备方法有液膜法和液体吸收池法。

（1）液膜法　液膜法是定性分析中常用的简便方法。在两个圆形盐片之间滴 1～2 滴液体试样，形成一层薄的液膜（约 0.001～0.05mm），再放入光路中绘制图谱。此法制样测定结果重现性较差，不适于定量分析，对于低沸点易挥发的样品也无法测定。

(2) 液体吸收池法　将液体样品注入液体吸收池内测定。常用的液体吸收池有固定式吸收池和可拆式吸收池。吸收池两侧用 NaCl 或 KBr 等晶体做成窗片，盐窗片是水溶性的，不能测定水溶液。

吸收池用毕应及时清洗，清洗剂含水量应低于 0.1%，盐片清洗后应用红外灯烘干，保存在干燥器内。

对于溶液，要注意两点：

① 池窗和吸收池材料必须与所测的波长范围相匹配。

② 要正确选择溶剂。要求溶剂对样品有良好的溶解度，而其红外吸收不干扰测定。常用溶剂有 CCl_4（测定范围 $4000\sim1300cm^{-1}$）、CS_2（测定范围 $1300\sim650cm^{-1}$）。一般配成低于 10% 的溶液测定。

3. 固体样品

(1) 压片法　压片法是测定固体样品常用的方法，尤其对于不溶于有机溶剂的固体物质，采取压片法较合适。

将被测物和一适当透明介质（通常 KBr 粉末）混合放入模具中用油压机加压成片，再放入光路中绘制图谱。要绘制一张高质量图谱，要求将固体颗粒研磨到比红外辐射波长小，否则红外辐射会被固体颗粒散射而部分损失。因此，样品颗粒要求研磨到 $2\mu m$ 以下。

(2) 石蜡糊法　将干燥处理后的试样研细，与液体石蜡或全氟代烃混合，调成糊状，夹在盐片中测定。液体石蜡适用于 $1300\sim400cm^{-1}$，全氟代烃适应于 $4000\sim1300cm^{-1}$。由于石蜡是高碳数饱和烷烃，因此此法不适于测定饱和烷烃。

(3) 薄膜法　可将试样直接加热熔融后涂制或压制成膜；也可将试样溶解在低沸点的易挥发溶剂中，涂在盐片上，待溶剂挥发后成膜。此法主要用于测定能够成膜的高分子化合物。

(4) 溶液法　将固体样品在合适的溶剂中溶解配成浓度约 5% 的溶液，在液体吸收池中测定。

第五节　红外吸收光谱法的应用

红外吸收光谱法应用广泛，不仅可用于已知化合物的定性鉴别和未知化合物的结构分析，还可以用于定量分析和化学反应机理研究等。

一、已知化合物的定性鉴别

药物化学结构比较复杂，相互之间结构差异较小，用一般定性反应、物理常数或紫外光谱往往不足以相互区别。红外光谱吸收峰一般多达 20 个以上，加上指纹区又各不相同，用于鉴定、鉴别化合物以及晶型、异构体区分，较其他物理化学方法更为可靠。因此，国内外药典广泛使用红外光谱鉴别药物，区分晶型和异构体。

红外光谱鉴别药物,常用对照品对比法和标准图谱对比法。

将供试品和对照品在相同条件下绘制红外光谱,直接对比是否一致的方法,称为对照品对比法。此法可以消除不同仪器和测定条件造成的误差,但必须找到相应对照品。

在与标准图谱相同的测定条件下绘制样品的红外光谱,再与标准图谱对比是否一致的方法,称为标准图谱对比法。常见标准图谱有:萨特勒(Sadtler)标准红外光谱、API(American petroleum institute)红外光谱图、DMS(documentation of molecular spectroscopy)光谱卡片和各国药典药品红外图谱集等。此法不需对照品,但不同仪器和测定条件的差异难于消除。

二、未知化合物的结构分析

未知化合物结构分析,是红外光谱定性分析的一个重要用途。

绘制红外光谱前,将试样提纯和干燥,根据试样性质和仪器,选择合适的制样方法和试验条件。

解析红外光谱前,要多了解试样的来源和理化性质。样品物理常数,例如熔点、沸点、折射率、旋光率等都可作为结构分析的旁证。

1. 计算不饱和度,估计不饱和键数或环数

根据试样元素分析和分子量推测出分子式,计算不饱和度,估计分子中是否含有不饱和键或环等。

不饱和度的计算公式:

$$U = 1 + n_4 + \frac{n_3 - n_1}{2}$$

式中,n_4、n_3、n_1 分别为四价原子(如 C)、三价原子(如 N)、一价原子(如 H、Cl)的数目,二价原子(如 S、O)不参加计算。

例如:

结构	分子式	不饱和度
CH_3CH_3	C_2H_6	$U = 1 + 2 + \frac{0-6}{2} = 0$
$CH_3CH_2CH_2CH=CH_2$	C_5H_{10}	$U = 1 + 5 + \frac{0-10}{2} = 1$
环己烷	C_6H_{10}	$U = 1 + 6 + \frac{0-10}{2} = 2$
苯	C_6H_6	$U = 1 + 6 + \frac{0-6}{2} = 4$
苯甲酰胺	C_7H_7NO	$U = 1 + 7 + \frac{1-7}{2} = 5$

由上例可归纳如下规律:

$U=0$ 时,分子是饱和的,可能是链状烷烃或其不含不饱和键的衍生物;

$U=1$ 时，分子可能有一个双键或脂环；

$U=3$ 时，分子可能有两个双键或脂环；

$U \geqslant 4$ 时，分子可能有一个苯环。

2. 光谱解析一般原则

（1）先特征，后指纹；先强峰，后次强峰。以最强峰为线索找到相应的主要相关峰。

（2）先粗查，后细找；先否定，后肯定。由一组相关峰确认一个官能团。

【例 4-1】 某化合物 $C_9H_{10}O$，其 IR 光谱主要吸收峰为（cm^{-1}）3080、3040、2980、2920、1690(s)、1600、1580、1500、1465、1370、750、690，试推断此化合物分子结构。

解 $U=1+9+\dfrac{0-10}{2}=5$，可能有苯环存在；

$1690 cm^{-1}$ 强吸收，为 $\nu_{C=O}$，可能存在羰基；

$1600 cm^{-1}$、$1580 cm^{-1}$、$1500 cm^{-1}$ 有吸收，为 $\nu_{C=C}$（苯环骨架）；

$3080 cm^{-1}$、$3040 cm^{-1}$ 有吸收，苯环的 ν_{C-H}；

$750 cm^{-1}$、$690 cm^{-1}$ 双峰，苯环的 γ_{C-H}（单取代）；

$2980 cm^{-1}$ 有吸收，CH_3 的 $\nu^{as}_{CH_3}$；$2920 cm^{-1}$ 有吸收，CH_2 的 $\nu^{s}_{CH_2}$；

$1370 cm^{-1}$ 有吸收，为 δ_{CH_3}；$1465 cm^{-1}$ 有吸收，为 δ_{CH_2}。

因此，该化合物为：

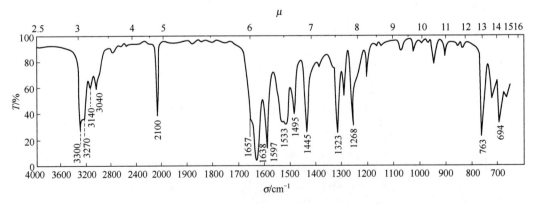

【例 4-2】 某化合物的分子式为 C_9H_7NO，其红外光谱如图 4-4，试推断其结构，要求找出吸收峰的振动类型。

图 4-4 C_9H_7NO 的红外光谱图

解 $U=1+9+\dfrac{1-7}{2}=7$，可能有苯环；

1638cm^{-1}，强吸收，$\nu_{C=O}$ ⎫
3270cm^{-1}，有吸收，ν_{N-H} ⎪
1533cm^{-1}，有吸收，β_{N-H} ⎬ 含酰胺结构—CO—NH—
1323cm^{-1}，有吸收，ν_{C-N} ⎭

3300cm^{-1}，强尖锐吸收，$\nu_{-C\equiv C-H}$ ⎫
2100cm^{-1}，强吸收，$\nu_{-C\equiv C-}$ ⎬ 含—C≡C—H
1268cm^{-1}，有吸收，$\beta_{-C\equiv C-H}$ ⎭

3040cm^{-1}，苯环上 ν_{C-H}
1597cm^{-1}、1495cm^{-1} 和 1445cm^{-1}，三峰，苯环骨架 $\nu_{C=C}$ ⎫ 单取代苯
763cm^{-1}、694cm^{-1}，双峰，苯环的 γ_{C-H}（单取代） ⎭

因此，该化合物为：

趣事

红外光谱协助破盗窃案

2004年1月17日，长春市某大企业的财务室被盗，犯罪嫌疑人利用电焊切割保险柜，侦查人员在现场遗留的焊条上提取微量黑色物质。检测部门通过红外吸收光谱法鉴定此物质为橡胶。几天后，侦查人员将犯罪嫌疑人的鞋子送来对比检验，结论与现场提取的橡胶相同，从而破获此案。

三、定量分析

紫外-可见分光光度法的测定原理和方法，原则上适用红外光。但红外光谱的复杂性和仪器上的局部性，给红外光谱定量分析带来一些困难和实验技术上的差异。因此，红外定量分析不如紫外-可见分光光度法应用广泛，只有在特殊情况下才使用。例如，混合物中待测组分与其他组分在物理和化学性质上极其相似，特别是异构体，紫外光谱几乎相同，但红外光谱指纹区很不相同，要用红外光谱来定量分析。

红外光谱吸收峰往往不对称，用透光率表示，常用基线法转换为吸光度。方法如图4-5所示，吸收谱带两肩画一切线作为基线，再在吸收峰顶点画一条平行于纵坐标的直线与基线相交，交点确定为入射光强度 I_0，吸收峰顶点确定为透射光强度 I_t，即可求吸光度。再根据标准曲线可求得组分的浓度。

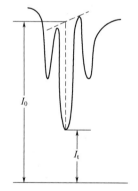

图4-5 基线法计算红外吸收峰的吸光度

若使用傅里叶变换红外光谱仪，则可使用定量软件，用峰高或峰面积定量，可使定量计算简化。

习题

一、填空题

1. 一般将多原子分子的振动方式分为_____振动和_____振动，前者又分为_____振动和_____振动，后者可分为_____、_____、_____和_____。

2. 在红外光谱中，将基团在振动过程中有_____变化的称为_____，_____称为_____。一般前者在红外光谱图上_____。

3. 基团—OH、—NH_2；=CH、≡CH、芳环中C—H；烷烃C—H的伸缩振动频率范围分别为_____ cm^{-1}；_____ cm^{-1}；_____ cm^{-1}。

4. 基团C≡N、C≡C；C=O；C=N、C=C（脂肪）、—N=N—的伸缩振动频率范围分别为_____ cm^{-1}；_____ cm^{-1}；_____ cm^{-1}。

5. _____区域的峰是由伸缩振动产生的，基团的特征吸收一般在此范围，它是鉴别_____最有价值的区域，称为_____区；_____区域中，当分子结构稍有不同时，该吸收就有微细的不同，称为_____区。

6. 许多国家药典绘制药品红外光谱指定使用_____红外光谱仪。_____是固体样品常用制样方法。

二、选择题

1. 鉴定乙醇和丙酮最可靠的方法是（　　）。
   A. 紫外光谱　　　　　　　　B. 红外光谱
   C. 气相色谱　　　　　　　　D. 液相色谱

2. 使基团振动频率向高波数位移的因素是（　　）。
   A. 吸电子诱导效应　　　　　B. 共轭效应
   C. 氢键　　　　　　　　　　D. 溶剂极性增大

3. 某一化合物在紫外光区204nm处有一弱吸收带，在红外光谱的官能团区3300～2500cm^{-1}有较宽的吸收谱带，在1725～1705cm^{-1}有强的吸收峰。该化合物可能为（　　）。
   A. 醛　　　　　　　　　　　B. 酮
   C. 羧酸　　　　　　　　　　D. 酯

4. 下列是乙烯的一些振动方式，属于红外活性振动的是（　　）。

   A. C—H 伸缩　　　　　　　B. C—H 伸缩

   C. C=C 伸缩　　　　　　　D. C—H 摇摆

5. 在醇类化合物的红外光谱中，O—H 伸缩振动频率随溶液浓度的增加，向低波数方向位移的原因是（　　）。
   A. 诱导效应随之变大　　　　B. 形成氢键随之增强
   C. 溶液极性变大　　　　　　D. 易产生振动耦合

6. 乙炔分子的平动、转动和振动自由度的数目分别为（　　）。
   A. 2，3，3　　　　　　　　B. 3，2，8
   C. 3，2，7　　　　　　　　D. 2，3，7

三、某未知化合物的分子式为 C_7H_9N，测得其红外光谱如图 4-6 所示。试通过光谱解析推断其分子结构，要求找出吸收峰的振动类型。

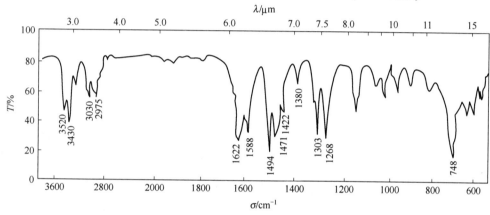

图 4-6　C_7H_9N 的红外光谱图

四、某未知化合物的分子式为 $C_9H_{10}O$，测得其红外光谱如图 4-7 所示。试通过光谱解析推断其分子结构。（ ⌬—CH=CH—CH$_2$OH ）

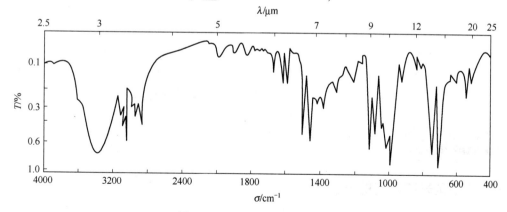

图 4-7　$C_9H_{10}O$ 的红外光谱图

五、计算题

1. C—H 键力常数 $K = 5.1 \text{N·cm}^{-1}$，计算其振动频率。（3060cm^{-1}）
2. 计算分子式为 C_6H_6NCl 的不饱和度。（4）

第五章
荧光分析法

> **学习目标**
> 1. 掌握分子荧光（磷光）发生的机理；
> 2. 熟悉分子荧光与分子结构及环境的关系；
> 3. 掌握激发光谱与荧光光谱及其关系；
> 4. 了解荧光分析法的应用。

物质分子吸收光后，由基态激发到激发态，激发态的分子不稳定，要释放能量返回基态。释放能量的方式有两种：非辐射（热）或辐射（光）。在紫外-可见吸收光谱法中，物质分子吸收光被激发后，在由激发态返回基态的过程中，以热的方式释放出多余的能量，测量的是物质对辐射（光）的吸收。如果物质分子在激发光照射下，跃迁至激发态后，以辐射（发光）的方式释放出能量跃迁回基态，这种发光现象称为光致发光，最常见的两种光致发光现象为荧光（fluorescence）和磷光（phosphorescence）。荧光分析（或磷光分析）就是基于这类光致发光现象建立起来的分析方法。

依据荧光谱线的位置及强度对物质进行定性或定量分析的方法称荧光分析法（fluorometry）。其主要特点为灵敏度高，最低检测浓度可达 $10^{-9} \sim 10^{-7}\,\mathrm{g\cdot mL^{-1}}$，比紫外-可见分光光度法高 10～1000 倍，可测定许多痕量无机或有机成分；另外，其选择性也比紫外-可见分光光度法好。在药物分析、生物医学、医学检验、卫生防疫、食品分析、环境分析等领域，荧光分析法的应用日益增多。

第一节 基本原理

一、分子荧光和磷光的产生

1. 分子的激发

物质分子通常有偶数个电子，基态时电子都成对地在各自的原子轨道或分子轨道上运动。根据 Pauli 不相容原理，在同一轨道中的两个电子必须自旋相反（自旋配对），在基态时，所有电子都自旋配对的分子的电子态称基态单重态（single state），以 S_0 表示，如图 5-1(a) 所示。

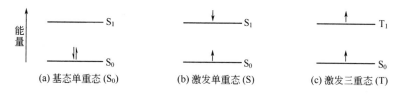

图 5-1 单重态与三重态的激发示意图

处于基态的分子在光照下，其配对电子的一个电子吸收光辐射而被激发，在这个过程中，电子的自旋方向通常不变，与处于基态的电子自旋方向仍相反，则激发态称为激发单重态，以 S 表示（如 S_1、S_2 等），如图 5-1(b) 所示；如电子被激发后自旋方向也发生改变，与处于基态的电子自旋方向一样（自旋平行），则激发态称为激发三重态（triplet state），以 T 表示（如 T_1、T_2 等），如图 5-1(c) 所示。

电子在不同多重态间跃迁要改变自旋方向，不易发生。单重态与三重态间的跃迁概率总比单重态与单重态间的跃迁概率小。

2. 分子的去激发

处于激发态的分子不稳定，要释放能量跃迁回基态，释放能量的方式有两种：非辐射（热）或辐射（发光）。非辐射跃迁包括振动弛豫、内转移、体系间跨越、外转移，辐射跃迁主要是发射荧光（F）或磷光（P）。

（1）振动弛豫（VR） 处于基态（S_0）的分子吸收不同波长的光被激发到不同电子能级（S_1，S_2）的不同振动能级上，如图 5-2 所示，电子很快（$10^{-14} \sim 10^{-12}$ s）由较高振动能级转移至较低振动能级，这个过程通常以分子之间相互碰撞的方式消耗掉相应的一部分能量，此过程称振动弛豫。在溶液中，溶质分子与溶剂分子间的

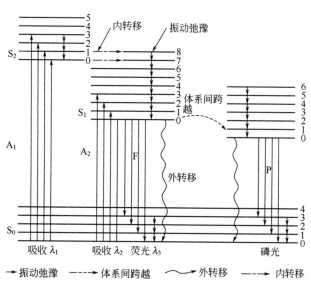

图 5-2 苯分子的荧光和磷光能级图

碰撞概率很高，通过碰撞，溶质分子将多余能量传递给溶剂。

（2）内转移（IC）　当两个电子能级非常接近，以致其振动能级有重叠时，常发生电子由高能级以非辐射跃迁方式转移至低能级的过程，如图5-2所示。体系过剩的能量通过分子碰撞以热的形式在溶剂中传导损失，这种去激过程效率也很高（$10^{-13} \sim 10^{-10}$ s）。

（3）体系间跨越（ISC）　不同多重态间的无辐射跃迁，这个过程电子自旋要换向，因此比内转移更困难，需要时间 10^{-6} s，系间窜跃容易在 S_1、T_1 间发生，如图5-2所示。

（4）外转移（EC）　激发态分子与溶剂分子或其他溶质分子相互作用（如碰撞），以热的形式释放出多余的能量返回基态，这一过程称分子的外转移（或外部转换），如图5-2所示。

（5）荧光和磷光发射　以辐射（发光）方式由第一激发单重态 S_1 的最低振动能级跃迁至基态 S_0 态各个振动能级上所发出的光就是荧光；由第一激发三重态 T_1 的最低振动能级跃迁至基态 S_0 的各个能级上所发出的光即磷光，如图5-2所示。发出荧光速度快（$10^{-9} \sim 10^{-6}$ s），而磷光发射则慢得多（$10^{-4} \sim 100$ s），因为该跃迁过程伴随着电子自旋方向改变，更困难。

由较低的激发单重态及较低的激发三重态的非辐射跃迁，可包含振动弛豫、内转移、外转移。正因为在激发态分子回到基态的过程中存在外转移及内转移，特别是振动弛豫和内转移，所以大多数化合没有荧光。

 链接

中药材的荧光鉴别

利用中药材所含有的某些成分可在紫外光或可见光下产生一定颜色的荧光，可以鉴别中药材。用于观察荧光现象的仪器被称为紫外光分析仪，用于鉴别钱币的紫外光验钞机也可同等使用。鉴别时，常将中药材样品或粉末或浸出液置于暗处的紫外光下进行观察，根据药材发出的荧光颜色就可以鉴别中药材。具体有下列几种方法：①中药材粉末或纵横切面置紫外灯下观察。例如，将麻黄药材纵剖面置于紫外灯下，其边缘显亮白色荧光，中心显亮棕色荧光；将牛蒡子粉末置于紫外灯下，显绿色荧光。②将中药材的水或醇浸出液点于滤纸上，直接或经化学处理后置紫外灯下观察。例如，将马兜铃的乙醇浸出液滴于滤纸上，置于紫外灯下显黄绿色荧光；将白芷的水浸液点于滤纸上，置于紫外灯下显蓝色荧光。③将药材的水浸液或水煎液置日光下观察。例如，将秦皮水浸液置于日光下观察，可见碧蓝荧光；将板蓝根水煎液置于日光下观察，可见蓝色荧光。

二、激发光谱、荧光光谱

任何能发出荧光的物质都具有两种特征光谱，激发光谱、荧光（发射）光谱。

(1) 激发光谱（excitation spectrum）　确定荧光波长不变，连续改变激发波长，以激发光波长为横坐标，荧光强度为纵坐标作出的图即激发光谱。激发光谱的形状与测量时选择的荧光波长无关，但其相对强度与所选择的发射光波长有关。当发射波长固定在样品发射光谱中最强的波峰时，所得的激发光谱强度最大。

(2) 荧光光谱（fluorescence spectrum）或发射光谱（emission spectrum）　以确定波长和强度的激发光照射荧光物质，连续测定不同波长的荧光强度，以荧光波长为横坐标，荧光强度为纵坐标作出的图即荧光（发射）光谱。荧光光谱表示该物质在不同波长处所发出的荧光相对强度。

一般来说，荧光光谱的形状与激发光波长的选择无关（个别化合物例外），但当激发光波长选在远离激发峰的地方，发射强度就小。此外，在荧光的产生过程中，由于存在各种形式的无辐射跃迁，损失了一部分能量，所以荧光分子的发射相对于吸收位移到较长的波长，即荧光波长总是比激发光波长要长。图 5-3 为蒽的激发光谱和荧光光谱。

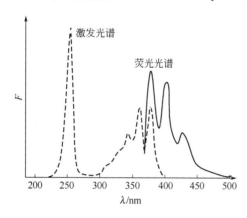

图 5-3　蒽的激发光谱和荧光光谱

三、荧光强度与浓度的关系

1. 荧光效率

荧光效率，也称荧光量子产率，数值在 0～1 之间，是物质的荧光特性的重要参数，它反映了荧光物质发射荧光的能力，其值越大，物质发射的荧光越强，通常用下式表示：

$$\varphi = \frac{\text{发射荧光的分子数}}{\text{激发分子总数}} \tag{5-1}$$

激发态分子可由不同过程、不同方式回到基态，但只有 $S_1 \rightarrow S_0$ 辐射跃迁能产生荧光，所以，荧光效率与荧光发射、振动弛豫、内转换、体系间跨越等各种去激发过程的速率有关，荧光发射速率越快，荧光效率越大。例如荧光素，其荧光效率在某些情况下接近 1，说明其荧光发射过程发生很快，与其他去激发过程相比占绝对优势。显然，能使荧光发射过程加快的因素，可使荧光效率增大，荧光增强。一般来说，荧光过程快慢取决于分子的化学结构，而其他去激发过程主要取决于化学环境，同时也与分子结构有一定关系。

2. 荧光强度与浓度的关系

根据荧光发生的机理可知，荧光强度 F 和该溶液吸收光的强度 I_a 以及溶液中荧光物质的荧光效率 φ 成正比：

$$F = \varphi I_a \tag{5-2}$$

对于很稀的溶液，由朗伯-比尔定律可以推导出荧光强度和浓度的关系服从下式：

$$F = 2.303 \varphi \kappa l c I_0 \tag{5-3}$$

当激发光的强度 I_0 及杯子厚度 l 一定时，上式可简写为：

$$F = Kc \tag{5-4}$$

即荧光强度与荧光物质的浓度成正比。这就是分子荧光光谱分析法定量分析的依据。

四、影响荧光强度的因素

1. 分子结构

了解荧光和物质分子结构的关系使我们可以预测哪些物质分子会发射荧光，进行荧光测定，也可以帮助我们考虑如何将荧光强度不大或选择性不高的荧光物质转化为荧光强度大及选择性高的荧光物质，或将非荧光物质转化为荧光物质，以提高分析效果。

(1) 跃迁类型　分子要产生荧光或磷光，首先要求其分子能吸收紫外-可见光，通常，分子吸收辐射的能力越强，则产生的荧光或磷光也越强。实验证明，对大多数荧光物质来说，首先经历 $\pi \rightarrow \pi^*$ 或 $n \rightarrow \pi^*$ 的跃迁到激发态，再由激发态经历 $\pi^* \rightarrow \pi$ 或 $\pi^* \rightarrow n$ 的跃迁而发出荧光，这两种跃迁中，$\pi \rightarrow \pi^*$ 的跃迁产生较强的荧光，因为 $\pi \rightarrow \pi^*$ 的跃迁比 $n \rightarrow \pi^*$ 的跃迁摩尔吸光系数大 100~1000 倍，吸光程度更大，激发效率更高，并且 $\pi \rightarrow \pi^*$ 的跃迁的单重态与三重态间的能量差比 $n \rightarrow \pi^*$ 的大得多，电子不容易发生自旋方向变化，体系间跨越概率很小，因此 $\pi \rightarrow \pi^*$ 跃迁是产生荧光的主要跃迁类型，含 $\pi \rightarrow \pi^*$ 共轭体系的有机分子是荧光分析的主要对象。

(2) 共轭效应　体系共轭程度越大，荧光效率越高，因为 π 电子共轭程度越大，就越容易被激发，从而增大荧光物质的摩尔吸光系数，分子的荧光效率增大。而且，凡能提高 π 电子共轭程度的结构，都会增大荧光强度，并使荧光光谱向波长更长的方向移动（红移）。例如，苯、萘、蒽三者的共轭程度依次增大，其荧光效率分别为 0.11、0.29、0.36，也依次增大。

(3) 刚性结构和平面效应　一般来说，荧光物质的刚性和共平面性增加，可以使分子与溶剂或其他溶质的相互作用减小，使外转移损失的总能量减少，有利于荧光发射，例如，芴与联二苯的荧光效率分别为 1.0 和 0.2。

芴 (ϕ_f=1.0)　　　　　　　　联二苯 (ϕ_f=0.2)

许多有机物虽然具有共轭双键，但由于不是刚性结构，分子共平面效果差，因而不发射荧光。但这些有机物一旦和金属离子形成配合物，分子的刚性结构加强，分子的共平面增大，便会发射荧光。例如 2,2-二羟基偶氮苯本身无荧光，但与 Al^{3+} 形成配合物后，便能发射荧光。

2,2′-二羟基偶氮苯
（无荧光）

配合物（有荧光）

(4) 取代基效应　芳香族化合物具有不同取代基时，其荧光强度和荧光光谱有很大不同。通常，给电子基团如—OH、—NH$_2$、—OCH$_3$、—NR$_2$ 等增强荧光，这是由于产生了 p-π 共轭作用，不同程度上增强了 π 电子共轭程度，导致荧光增强；而吸电子基团如 —NO$_2$、—COOH 等减弱荧光，由于这些基团削弱电子共轭性；卤素取代基随原子序数增加而荧光下降，这是因为"重原子效应"使体系间跨越速率增加，从而减弱荧光，增强磷光。

2. 环境因素

物质分子所处的环境条件，如温度、溶剂、pH 值、荧光猝灭剂等，都对荧光效率、荧光强度产生影响。

(1) 温度　温度升高，大多数荧光物质荧光效率降低。因为温度升高，分子间的碰撞频率增大，增加了外转移的非辐射过程，导致荧光强度降低，所以，降低温度有利于提高荧光效率。

(2) 溶剂　通常溶剂的极性增强，会使 π→π* 跃迁能量降低，跃迁能量增加，荧光增强，荧光波长红移。溶剂黏度增大，可以降低分子间碰撞概率，减少外转移过程，从而增强荧光强度。

(3) pH 值　荧光物质本身是弱碱或弱酸时，溶液 pH 值对该荧光物质的荧光效率影响较大，如苯胺，其电离平衡如下：

苯胺在不同 pH 值时结构不同，pH 值 7～12 时，主要以分子存在，能产生蓝色荧光，而苯胺离子都不发生荧光，因此荧光分析中通常要求严格控制 pH 值。

(4) 荧光猝灭剂　溶液中如存在卤素离子、重金属离子、氧分子、硝基化合物及重氮化合物等物质，由于它们与荧光物质分子之间发生碰撞，而引起荧光物质分子的荧光效率降低，荧光强度下降，这类物质称为荧光猝灭剂。荧光猝灭在荧光分析中是个不利因素，但也可利用猝灭剂对荧光物质的猝灭作用建立荧光猝灭定量分析法。

(5) 散射光和拉曼光　溶剂分子吸收能量较低的光线后，不足以使分子中的电子跃迁到较高的电子激发态，而只是上升到基态中较高的振动能级。如果在极短的瞬间（10^{-15}～10^{-12} s）返回到原来的振动能级，便发出与激发光波长完全相同的瑞利散射光；如果返回到稍高或稍低于原来的振动能级，则产生分布在瑞利线两边的稍长（红伴线）或稍短（蓝伴线）的拉曼散射光。选择合适的激发光波长，可以消除与激发光波长完全相同的液池表面散射光、溶液的丁铎尔散射光和瑞利散射光的干扰。拉曼光的红伴线离荧光峰较近，常成为荧光测定的主要光学干扰。减小狭缝或选用复合滤光片可除去拉曼光的影响。CCl_4 的拉曼线与激发光非常靠近，用它作溶剂干扰很小。拉曼波长随着激发光波长的变化而变化，荧光波长却与激发光的选择无关，利用这一点可以在测量荧光时，选择合适的激发光以消除拉曼光的干扰。

$$\underset{<2\ (无荧光)}{\underset{}{C_6H_5NH_3^+}} \underset{}{\overset{H^+/OH^-}{\rightleftharpoons}} \underset{7\sim12\ (蓝色荧光)}{C_6H_5NH_2} \overset{OH^-/H^+}{\rightleftharpoons} \underset{>13\ (无荧光)}{C_6H_5NH^-}$$

第二节 荧光光度计

荧光光谱法所用仪器有光电荧光计（flurometer）和荧光分光光度计（spectrophoto-flurometer）。前者结构简单、价格便宜，但测定灵敏度和选择性远不如后者，后者使用更广泛。它们通常均由以下四个部分组成：激发光源、用于选择激发波长和荧光波长的单色器、样品池及测量荧光的检测器，如图5-4所示。

1. 激发光源

对激发光源主要考虑其稳定性和强度，因为光源的稳定性直接影响测量的重复性和精确度，而光源的强度又直接影响测定的灵敏度。荧光测量中常用的光源包括高压汞灯或氙灯。氙灯产生强烈的连续辐射，其波长范围大约在 250～700nm

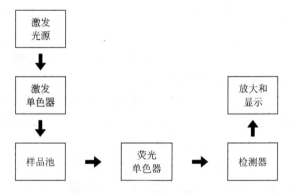

图 5-4 荧光计结构示意图

之间；高压汞灯发射 365nm、405nm、436nm、546nm、579nm、690nm 和 734nm 的线状谱线，测量中常用 365nm、405nm、436nm 三条谱线。目前大部分荧光分光光度计都采用 150W 和 500W 的氙灯作光源；现代荧光仪器采用 12V、50W 的新型溴钨灯作光源，在300～700nm 波段发射连续光谱。此外，20 世纪 70 年代开始用激光作为激发光源，激光光源单色性好，光强度大，脉冲激光的光照时间短，可以避免某些感光物质的分解。

2. 单色器

荧光分析仪器有两个单色器，激发单色器（第一单色器）和荧光单色器（第二单色器），如图 5-4 所示。滤光荧光计采用滤光片作单色器，结构简单，价格便宜，用于已知组分样品的定量分析。用滤光片为单色器时，以干涉滤光片的性能最好，因它具有半宽度窄、透射率高、经得起强光源的长期照射等优点。荧光分光光度计都采用光栅或棱镜单色器，可以获得单色性好的激发光，并能分出某一波长的荧光，以减少干扰，而且能分别绘制激发光谱和发射光谱。

第一个单色器的作用是将不需要的光除去，使需要的激发光透过而照射到样品池，第二个滤光片将由激发光所发生的反射光、瑞利散射光、拉曼散射光和由溶液中杂质所发生的大多数荧光滤去。由于单色器的区别，荧光计仅能用于荧光强度的定量测定，不能提供激发光谱或荧光光谱，而荧光分光光度计可以扫描激发光谱或荧光光谱。

3. 样品池

荧光分析用的样品池须用低荧光材料制成，通常用石英，四面均透光。形状有正方形、长方形或圆形，但常用正方形样品池，因其散射干扰较少。

4. 检测器

荧光的强度很弱，因此要求检测器有较高的灵敏度。荧光分光光度计一般用光电倍增管（PMT）作检测器。为了消除激发光对荧光测量的干扰，在仪器中，检测光路与激发光路是相互垂直的。

第三节 荧光分析法的应用

一、定性分析

荧光物质的特征荧光光谱包括激发光谱和发射光谱两种。在分光光度法中，被测物质仅有一个特征的吸收光谱，因此它对鉴定物质的可靠性更强。如果几种物质荧光光谱相似，可以从激发光谱差异将它们区分开来，同样，如果它们激发光谱类似，则可从荧光光谱来区别。

二、定量分析

1. 标准曲线法

荧光分析一般采用标准曲线法。以已知量的标准物质经过和试样同样的处理后，配成一系列的标准溶液。测定这些溶液的荧光强度后，以荧光强度为纵坐标，相应浓度为横坐标，绘制标准曲线。然后根据试样溶液的荧光强度，在标准曲线上求试样中荧光物质的含量。为使不同时间绘制的标准曲线一致，每次最好都采用同一稳定的荧光基准物质如硫酸奎宁、罗丹明 B 等对仪器的读数进行校正。

2. 标准比较法

如果已知某测定物质的荧光工作曲线的浓度线性范围，可直接用比较法。取已知量的荧光物质（此量一定要在工作曲线的线性范围之内）配成一标准溶液，测定其荧光强度，然后在同样条件下测定试样溶液的荧光强度，由标准溶液的浓度和两个溶液的荧光强度的比值，求得试样中荧光物质的含量。

由式(5-3)还可看出，荧光强度和入射光强度成正比，因此增强 I_0，可以提高分析灵敏度。荧光分析法可采用足够强的光源和高灵敏度的检测放大系统，从而获得比可见吸光光度法高得多的灵敏度。荧光分析法的灵敏度很高，测定下限可达

$10^{-9}\text{g}\cdot\text{mL}^{-1}$；其选择性高，取样容易，试样量少，分析简便快速，重现性好。但该方法的干扰因素较多，在测定时应严格控制条件。

 案例

荧光法测定利血平片含量

对照品溶液的制备 精密称取利血平对照品 10mg，置 100mL 棕色量瓶中，加氯仿 10mL 溶解后，再用乙醇稀释至刻度，摇匀；精密量取 2mL，置 100mL 棕色量瓶中，用乙醇稀释至刻度，摇匀，即得。

供试品溶液的制备 取利血平片 20 片（如为糖衣片应除去糖衣），精密称定其质量，研细。再精密称取药粉适量（约相当于利血平 0.5mg），置 100mL 棕色量瓶中，加热水 10mL，摇匀后，加氯仿 10mL，振摇，用乙醇定量稀释至刻度，摇匀，滤过，精密量取滤液，用乙醇定量稀释成每 1mL 约含利血平 2μg 的溶液，即得。

测定法 精密量取供试品溶液与对照品溶液各 5mL，分别置具塞试管中，加五氧化二钒试液 2.0mL，激烈振摇后，在 30℃放置 1h 后，取出。在室温下，于激发光波长 400nm、发射光波长 500nm 处测定荧光读数，计算，即得。

参见《中国药典》

 **习题**

一、填空题

1. 激发单重态与激发三重态的区别在于_____的不同，以及激发三重态的能级稍低一些。

2. 荧光和磷光的根本区别是：荧光是电子由_____→_____跃迁产生的，而磷光则是电子由_____→_____跃迁产生的。

3. 任何发射荧光的物质分子都具有两个特征光谱：_____和_____，与这两种特征光谱相对应的单色器分别为_____和_____。

4. 通常溶液的荧光强度随着温度的降低而_____，随温度的上升而_____。荧光强度也受溶剂黏度影响，通常随着溶剂黏度的增加而_____。

5. 荧光计一般由以下四部分组成_____、_____、_____、_____。

6. 荧光分析通常用于定量测定，从分析方法来说大致分为_____和_____。

二、选择题

1. 下列（　　）去激发过程属于辐射跃迁。

A. 振动弛豫　　　　　　　　　B. 体系间跨越
C. 内转移　　　　　　　　　　D. 荧光发射

2. 下列（　　）物质为非荧光物质。
A. 苯胺　　　　　　　　　　　B. 苯
C. 硝基苯　　　　　　　　　　D. 苯酚

3. 所谓荧光，即指某些物质经入射光照射后，吸收了入射光的能量，从而辐射出比入射光（　　）。
A. 波长长的光线　　　　　　　B. 波长短的光线
C. 能量大的光线　　　　　　　D. 频率高的光线

4. 苯胺在（　　）条件下荧光强度最强。
A. pH＝1　　　　　　　　　　B. pH＝3
C. pH＝9　　　　　　　　　　D. pH＝13

5. 下列化合物荧光最强的是（　　）。

A. ［2-氯蒽］　　　　　　　　B. ［2-溴蒽］
C. ［2-碘蒽］　　　　　　　　D. ［蒽］

6. 下列化合物荧光效率最大的是（　　）。

A.　　　　　　　　　　　　　B.

C.　　　　　　　　　　　　　D.

7. 荧光素钠的乙醇溶液在（　　）条件下荧光强度最强。
A. 0℃　　　　　　　　　　　B. －10℃
C. －20℃　　　　　　　　　　D. －30℃

8. 荧光分析法是通过测定（　　）而达到对物质的定性或定量分析的。
A. 激发光　　　　　　　　　　B. 磷光
C. 发射光　　　　　　　　　　D. 散射光

9. 荧光分光光度计常用的光源是（　　）。
A. 空心阴极灯　　　　　　　　B. 氙灯
C. 氘灯　　　　　　　　　　　D. 硅碳棒

10. 下列各项中不是荧光物质的荧光强度与该物质的浓度呈线性关系条件的是（　　）。

A. 单色光   B. $Kcl \leqslant 0.05$

C. 入射光强度 I_0 一定   D. 样品池厚度一定

三、计算题

1. 用荧光法测定复方炔诺酮片中炔雌醇的含量时，取供试品 20 片（每片含炔诺酮应为 0.54～0.66mg，含炔雌醇应为 31.5～38.5μg），研细溶于无水乙醇中，稀释至 250mL，滤过，取滤液 5mL，稀释至 10mL，在激发波长 285nm 和发射波长 307nm 处测定荧光强度。如炔雌醇对照品的乙醇溶液（$1.4\mu g \cdot mL^{-1}$）在同样测定条件下荧光强度为 65，则合格片的荧光读数应在什么范围内？（58.5～71.5）

2. 称取 1.00g 谷物制品试样，用酸处理后分离出核黄素及少量无关杂质，加入少量 $KMnO_4$，将核黄素氧化，过量的 $KMnO_4$ 用 H_2O_2 除去。将此溶液移入 50mL 量瓶，稀释至刻度。吸取 25mL 放入样品池中以测定荧光强度（核黄素中常含有发生荧光的杂质叫光化黄）。事先将荧光计用硫酸奎宁调至刻度 100 处。测得氧化液的读数为 60。加入少量连二亚硫酸钠（$Na_2S_2O_4$），使氧化态核黄素（无荧光）重新转化为核黄素，这时荧光计读数为 55。在另一样品池中重新加入 24mL 被氧化的核黄素溶液，以及 1mL 核黄素标准溶液（$0.5\mu g \cdot mL^{-1}$），这一溶液的读数为 92，计算试样中核黄素的含量。（$0.5698\mu g \cdot g^{-1}$）

四、简答题

1. 举例说明：荧光发射光谱不随激发波长而改变，反映在光谱图中就是具有一个吸收带。

2. 为什么分子荧光分析法的灵敏度通常比分子吸收分光光度法高？

3. 样品溶液的浓度、溶剂极性、pH 值以及温度等因素，对样品物质的荧光强度各有何影响？

4. 激发单色器及荧光单色器各有什么作用？荧光分析仪的检测器为什么不放在光源与样品池的直线上？

5. 为什么荧光波长要比激发光波长长？

6. 简述荧光分析的优点与缺点。

第六章
原子吸收光谱分析法

> **学习目标**
>
> 1. 理解原子吸收光谱分析法的基本原理;
> 2. 掌握原子吸收光谱分析法的定量分析方法;
> 3. 掌握原子吸收光谱仪基本结构、主要部件的作用以及使用方法;
> 4. 了解原子吸收光谱分析法中的干扰类型、本质及消除方法;
> 5. 理解原子吸收光谱分析法的特点和应用以及与分子吸收光谱法的异同点。

第一节 原子吸收分光光度法的基本原理

原子吸收光谱分析法(atomic absorption spectrometry,AAS)是基于气态原子中的外层电子对电磁辐射的吸收而进行测量的分析方法,始建于 20 世纪 50 年代,在 60 年代有较大发展,和紫外可见分光光度法有很多相似之处,又称为原子吸收分光光度法。这种分析方法是一种具有灵敏、准确、稳定、干扰少、选择性高、测定范围广等特点的重要分析方法,目前仪器的普及率较高,已广泛应用于医药、食品卫生、环境监测、地质、冶金、石油等许多领域。

一、原子吸收光谱的产生

处于正常状态下的基态原子,当受到一定频率的电磁辐射作用时,其外层电子就会吸收一定的能量,从基态跃迁至该能量所能允许的较高能级上(激发态),处于激发态的电子极不稳定(寿命约为 10^{-8} s),在极短的时间内便又重新跃迁至基态(或其他较低激发态),同时放出能量。如图 6-1 所示。

$$E_1 \underset{\text{放出能量 }\Delta E}{\overset{\text{吸收能量 }\Delta E}{\rightleftarrows}} E_2$$

图 6-1 原子中的电子跃迁

基态原子因能吸收不同能量的电磁辐射,其外层电子可由基态跃迁至不同的激发态,从而产生不同的吸收谱线。吸收的电磁辐射(光)的频率取决于电子产生跃迁时所对应的两个能级之间的能量差,由式(6-1)即能计算出。

$$\nu = \frac{E_1 - E_0}{h} \tag{6-1}$$

式中，ν 为电磁辐射（光）的频率；E_1、E_0 为较高激发态和较低激发态具有的能量；h 为普朗克常数（6.626×10^{-34} J·s）。

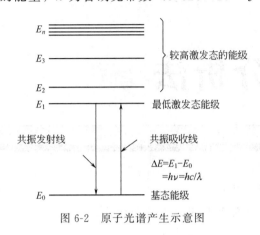

图 6-2　原子光谱产生示意图

通常将电子由基态跃迁至第一激发态（能量最低的激发态）所产生的吸收谱线称为共振吸收线，反之则称为共振发射线，共振吸收线和共振发射线均简称为共振线。由于不同元素的原子结构不同，其核外电子能级的能量差不同，所以各种元素原子的共振线频率不同，从而使得每种元素原子都具有特定的共振线，即元素的特征谱线。对大多数元素而言，共振线最易产生，是因为基态到第一激发态的能量差最小，跃迁最容易发生，故共振线又是该元素的最灵敏线。在原子吸收光谱分析中，正是利用处于基态的待测元素的原子蒸气对由光源发射出的共振线的吸收来进行定量分析的，因此共振线通常被选作"分析线"。原子吸收（发射）光谱的形成如图 6-2 所示。

 案例

原子吸收分析的基本过程——钙的测定

将氯化钙试液喷射成雾状进入燃烧火焰中，氯化钙雾滴在火焰中挥发并离解成钙原子蒸气，以钙空心阴极灯为光源，发射出一定强度的 422.7nm 钙的特征谱线的光，当它通过一定厚度的含钙原子蒸气的火焰时，其中一部分特征谱线的光被蒸气中的基态钙原子吸收，而未被吸收的光经单色器照射到光电检测器上被检测，根据该特征谱线光强度被吸收的程度，即可测得试样中钙的含量。其分析的基本过程可用图 6-3 表示。

利用火焰的热能使样品转化为气态基态原子的方法称为火焰原子吸收光谱法。

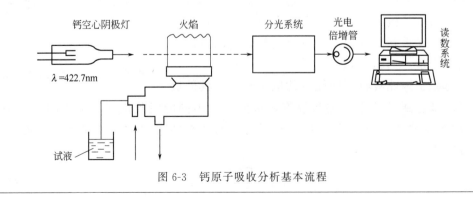

图 6-3　钙原子吸收分析基本流程

二、基态原子与待测元素含量的关系

原子吸收分光光度法是基于待测元素基态原子对该元素共振线的吸收程度来进行测量的。在进行原子吸收分析时,首先需使试样中的待测元素由化合物状态转变成基态原子,此原子化过程可在燃烧的火焰中加热样品来实现。待测元素由化合物离解成原子后,基态原子数目能否代表试样中的原子总数呢?因此必须明确试样中待测元素经原子化后的基态原子数与原子总数的关系。

样品在进行原子化的过程中,必然会有一部分原子因吸收了较多的能量受到激发而处于激发态。在一定温度下达到热力学平衡时,激发态原子数与基态原子数比值服从玻尔兹曼分布定律:

$$\frac{N_j}{N_0}=\frac{g_j}{g_0}\mathrm{e}\left(-\frac{E_j-E_0}{KT}\right) \tag{6-2}$$

式中,N_j、N_0 为分布在激发态和基态能级上的原子数目;g_j、g_0 为激发态和基态能级的统计权重;E_j、E_0 为激发态和基态具有的能量;K 为玻尔兹曼常数(1.38×10^{-23} J·K^{-1});T 为热力学温度。

在原子吸收光谱中,对于共振线(或其他一定频率谱线),g_j、g_0、h、ν、K 均为已知,一旦原子化温度确定,由式(6-2)即可求出该温度下激发态原子数目与基态原子数目的比值。表 6-1 列出了某些元素在 3000K 时共振线的 N_j/N_0 值。

表 6-1 一些常见元素在 3000K 时共振线的 N_j/N_0 值

元 素	共振线波长/nm	g_j/g_0	激发能/eV	N_j/N_0
K	761.5	2	1.617	3.84×10^{-3}
Ba	553.6	2	2.239	5.19×10^{-4}
Ca	422.7	3	2.932	3.55×10^{-5}
Cu	324.8	2	3.817	6.65×10^{-7}
Mg	285.2	3	4.346	1.50×10^{-7}
Zn	213.9	3	5.795	5.50×10^{-10}

实际分析中,原子化火焰温度一般不超过 3000K,大多数元素的共振线波长都小于 600nm,所以就大多数元素而言,在样品原子化后的 N_j/N_0 比值均很小,由表可见低于 10^{-3},即激发态原子数和基态原子数之比小于千分之一,基态原子数 N_0 占原子总数的 99.9% 以上,N_j 与 N_0 相比可以忽略不计,可以用基态原子数 N_0 代表原子总数 N,即 $N_0 \approx N$。

三、原子吸收线轮廓及其测量

1. 吸收线形状

从光源辐射的不同频率的光在通过基态原子蒸气时,一部分光将被基态原子吸收,其强度由基态原子对频率为 ν 的光的吸收系数 K_ν 大小决定。以辐射光的频率 ν 为横坐标、各种频率下的 K_ν 为纵坐标作图可得到 K_ν-ν 曲线,如图 6-4 所示。由图

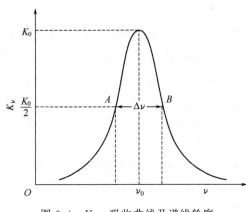

图 6-4 K_ν-ν 吸收曲线及谱线轮廓

可知，在 ν_0 处吸收曲线有一极大值 K_0，称为峰值吸收系数，ν_0 称为中心频率。在中心频率 ν_0 两侧仍有一定吸收，使得吸收线具有一定的宽度（轮廓）。通常以 K_0 一半处吸收曲线上 A、B 两点间的距离 $\Delta\nu$ 来表示原子吸收线的宽度，$\Delta\nu$ 称作吸收线的半宽度，折合成波长其数量级一般约为 0.001～0.01nm，$\Delta\nu$ 越小，则吸收线的单色性越好。

理论上单一原子核外电子能级之间的能量差较大，且无振动-转动能级，原子吸收谱线应为一条简单的几何直线（没有宽度），然而在原子光谱中，任何一条发射线或吸收线都不可能是一条理想的几何直线，而是具有一定的宽度。因其半宽度（约为 0.005nm）要比分子吸收光谱半宽度（约为 50nm）小得多，相对于分子吸收的带光谱而言，原子光谱仍称作线光谱。

为什么原子吸收线存在一定的宽度呢？究其原因很多，但主要有两个方面的因素：一是原子本身性质决定的，二是由外因引起的。

(1) 自然宽度 $\Delta\nu_N$　无外界因素影响下的谱线宽度称为自然宽度。它是由于电子在跃迁时，在高能级上有一定的停留时间所致。根据量子力学的海森堡测不准原理，激发态的能量具有不确定的量，从而导致吸收线展宽。对大多数元素的共振线而言，其自然宽度一般不超过 10^{-5}nm，与其他变宽效应相比可忽略不计。

(2) 热变宽（多普勒变宽）$\Delta\nu_D$　这是由于原子在空间作无规则热运动所引起的一种吸收线变宽现象。多普勒变宽随温度升高而加剧，并随元素种类而异，在一般火焰温度下，多普勒变宽可以使谱线增宽 10^{-3}nm，是谱线变宽的主要原因。

(3) 压力变宽（碰撞变宽）　待测元素的原子与其他粒子（分子、原子、离子、电子等）相互碰撞而引起的吸收线变宽统称为压力变宽。压力变宽随原子区内原子蒸气压力增大和温度增高而增大。凡是同种粒子碰撞引起的变宽叫作赫尔兹马克 (Holtzmark) 变宽（在被测元素原子浓度较高时考虑），凡是异种粒子碰撞引起的变宽叫作劳伦茨 (Lorentz) 变宽。在 101.325kPa 以及一般火焰温度下，大多数元素共振线的劳伦茨变宽 $\Delta\nu_L$ 与多普勒变宽的增宽范围具有相同的数量级，一般为 10^{-3}nm。

在通常的原子吸收分析实验条件下，吸收线轮廓主要受到多普勒变宽和劳伦茨变宽的影响。当使用火焰原子化器时，劳伦茨变宽为主要因素；当使用无火焰原子化器时，因在低压或真空条件下，不同种类的粒子碰撞概率很小，则主要受多普勒变宽的影响。

2. 原子吸收的测量

（1）积分吸收 原子吸收是由基态原子对共振线的吸收产生的，而原子吸收线具有一定轮廓。吸收线轮廓内吸收系数 K_ν 的积分面积代表了原子蒸气所吸收的全部辐射能量，称为积分吸收，数学表示为 $\int K_\nu d\nu$。如图 6-5 所示的吸收曲线下面所包括的整个面积，它反映了基态原子总的吸光度。理论证明，积分吸收与待测元素的基态原子数目有着严格的定量关系，如果能够测量出积分吸收值，即可求得待测元素的含量。

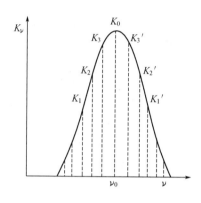

图 6-5 积分吸收示意图

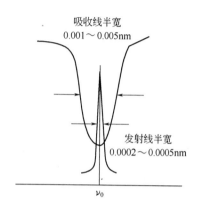

图 6-6 峰值吸收测量示意图

然而由于原子吸收谱线宽度很小，如要测量 $\Delta\nu=0.001\text{nm}$ 吸收线的积分吸收，假定共振线波长为 500nm，则需要仪器单色器的分辨率达到 50 万以上。目前还难以制造出具有如此高分辨率的仪器，所以直接测量积分吸收是很困难的。

（2）峰值吸收 虽然早在 18 世纪初就发现了原子吸收现象，但基于上述原因一直未能得到应用。1955 年澳大利亚物理学家沃尔什（A. Walsh）提出采用半宽度比吸收线半宽度更窄的锐线光源，且发射线的中心频率与吸收线的中心频率相同，如图 6-6 所示，在温度不太高的稳定火焰条件下，峰值吸收系数 K_0 与原子蒸气中待测元素的基态原子数 N_0 同样存在严格的定量关系。即可以通过测量吸收线中心频率 ν_0 的峰值吸收系数 K_0 来测定元素的含量，而无须使用高分辨率的仪器，只要将吸收线与其他谱线分离，就能用测量峰值吸收来代替积分吸收，从而实现了原子吸收用于分析工作。

3. 原子吸收定量基础

当频率为 ν、强度为 I_0 的平行光，通过厚度为 L 的基态原子蒸气时，基态原子就会对其产生吸收。根据朗伯-比尔定律：

$$I = I_0 e^{-K_0 L} \tag{6-3}$$

或

$$A = \lg\frac{I_0}{I} = K_\nu L \lg e = 0.434 K_0 L \tag{6-4}$$

根据沃尔什理论，峰值吸收系数与基态原子数成正比，$K_0 = k_1 N_0$，已知在一定的实验条件下待测元素的原子总数 $N = N_0$，而原子总数又与被测元素溶液的浓度成正比，即 $N = k_2 c$，因此有 $K_0 = k_1 k_2 c$，代入式(6-4)：

$$A = 0.434 k_1 k_2 c L = K' c L = K c \tag{6-5}$$

k_1、k_2、K'、K 均为比例系数。式(6-5)表明，在沃尔什的峰值吸收测量条件下，待测元素的原子吸光度与其在溶液中的浓度成正比，这就是朗伯-比尔定律在原子吸收分光光度法中的应用，是原子吸收光谱法进行定量分析的理论依据。

> **链接**
>
> ### 沃尔什与原子吸收光谱法
>
> 澳大利亚物理学家沃尔什（A. Walsh, 1916—1998）早在 1953 年就建议将原子吸收光谱作为一种化学分析方法。1955 年，沃尔什发表了著名论文"The application of atomic absorption spectra to chemical analysis"，提出用峰值吸收代替积分吸收，证明了峰值吸收系数与待测元素基态原子数存在着线性关系，并指出采用锐线光源就可以准确测定峰值吸收系数，一旦解决了锐线光源，就能使用简单的仪器实现原子吸收分析。沃尔什原子吸收理论奠定了原子吸收分光光度法的理论基础，并对空心阴极灯的开发设计具有指导意义。1960 年，在他的另一篇论文"Hollow-cathode discharge—the construction and characteristics of sealed-off tubes for use as spectroscopic light source"中提出使用空心阴极灯作为 AAS 测定的灯光源，解决了原子吸收分析的光源问题。至此，原子吸收分光光度法作为一种强有力的分析技术，开始了它的飞跃发展与广泛应用。如图 6-7 所示。
>
>
>
> 图 6-7 Alan Walsh 和他的原子吸收光谱仪

第二节　原子吸收分光光度计

原子吸收光谱仪器的结构与其他分光光度计十分相似，主要由光源、原子化器、分光系统、检测系统及读数系统五大部分组成，如图 6-3 所示。

一、光源

原子吸收光谱仪中光源的作用是提供待测元素的特征谱线（共振线），要求光源能够发射共振锐线、辐射强度足够大、背景低、稳定性好、噪声小、操作方便以及使用寿命长。最常用的锐线光源是空心阴极灯，它是一种特殊的气体放电管，主要由一个钨棒阳极和一个由被测元素纯金属制成的空心阴极构成，其结构如图 6-8 所示。

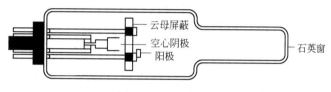

图 6-8　空心阴极灯

在一定的工作条件下，阴极纯金属表面原子产生溅射和激发并发射出待测元素的特征锐线光谱。空心阴极灯又称为元素灯，若阴极材料只含有一种元素，则为单元素灯，只能用于一种元素的测定；若阴极材料含有多种元素，则可制得多元素灯用于多种元素测定，但后者性能不如前者。除元素灯外，还有高频无极放电灯、低压汞蒸气放电灯、激光灯等光源。

二、原子化器

原子化器的功能是提供能量，使试样中的待测元素转变成为能吸收特征辐射的基态原子，其性能直接影响分析的灵敏度和重现性。对原子化器的基本要求是：原子化效率高，良好的稳定性和重现性，灵敏度高，记忆效应小，噪声低及操作简单等。原子化器分为火焰原子化器和石墨炉原子化器两大类。

火焰原子化器结构简单，操作方便快速，重现性好，有较高的灵敏度和检出限等，目前仪器多采用预混合型火焰原子化器，一般包括雾化器、雾化室、燃烧器与气体控制系统。如图 6-9 所示。

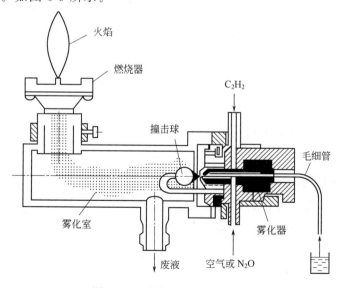

图 6-9　预混合型火焰原子化器

石墨炉原子化器一般由加热电源、炉体及石墨管组成。炉体又包括石墨管座、电源插座、水冷却外套、石英窗和内外保护气路等，如图 6-10 所示。石墨炉原子化器的原子化效率高，试样用量少，绝对灵敏度高，检出限低，应用日趋广泛。

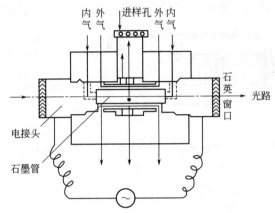

图 6-10　石墨炉原子化器结构示意图

三、分光系统

原子分光光度计中的分光系统位于原子化器之后，它的作用是将待测元素的共振线与其他谱线（非共振线、惰性气体谱线、杂质光谱和火焰中的杂散光等）分开。分光器由色散元件（棱镜或光栅）、凹面反射镜、入出射狭缝组成，转动棱镜或光栅，则不同波长的单色谱线按一定顺序通过出射狭缝投射到检测器上，如图 6-11 所示。

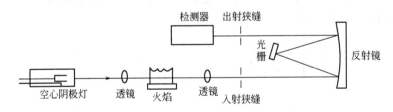

图 6-11　单光束原子分光光度计光学系统

由于元素灯发射的是半宽度很窄的锐线，比一般光源发射的光谱简单，因此原子吸收分析中不要求分光器有很高的色散（分辨）能力。

四、检测系统和读数系统

检测系统包括光电元件、放大器及信号处理器件等，可将由单色器投射出的特征谱线进行光电转换测量。在火焰原子吸收光谱分析法中，光电元件一般采用光电倍增管。

经检测器放大后的电信号通过对数转换器转换成吸光度 A，即可用读数系统显示出来。显示方式历经了电表指示、数字显示、记录仪记录、屏幕显示（曲线、图谱等可自动绘制）或打印输出结果。显示的参数也在增多，如 T、A、c、k 等。现代高级仪器均配有微处理机或计算机来实现软件控制而完成测定。

> **链接**
>
> ### 原子吸收的重大突破——连续光源原子吸收光谱仪
>
> 传统的原子吸收分光光度计使用的锐线光源主要是空心阴极灯，虽然有着很多的优点，但也存在着明显的不足，如每测一种元素需更换相应的元素灯，不同元素的分析条件不同，必须同时调整相应的测试条件，不利于同时进行多种元素的测定。2004 年 4 月，德国耶拿分析仪器股份公司（Analytik Jena AG）成功地设计和生产出了世界上第一台商品化连续光源原子吸收光谱仪 contrAA，如图 6-12 所示。光源采用高聚焦短弧氙灯，如图 6-13 所示。该灯能发射出波长范围为 189~900nm 的连续光谱，采用中阶梯光栅作为光学系统，光学分辨率高达 2pm，光学原理如图 6-14 所示。配备紫外高灵敏度的 CCD 线阵检测器，仪器可以选择其中的任何一条谱线进行分析，contrAA 可分析元素周期表中的 70 多种元素。
>
>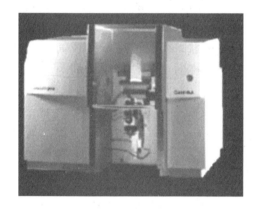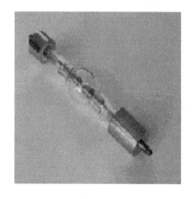
>
> 图 6-12 连续光源原子吸收光谱仪　　图 6-13 高聚焦短弧氙灯
>
>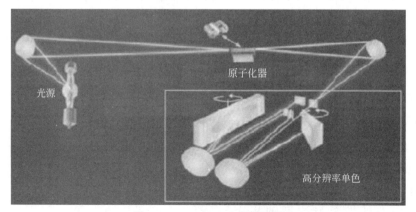
>
> 图 6-14 contrAA 光学原理图

第三节 原子吸收光谱法的分析方法

一、定量分析方法

在一定分析条件下,当被测元素浓度不高、吸收光程固定时,待测试液的吸光度与被测元素的浓度成正比,根据原子吸收基本公式(6-5),即能进行定量分析。

1. 标准曲线法

原子吸收光谱分析的标准曲线法和紫外-可见分光光度法相似,也叫作工作曲线法。首先配制一组适当的已知浓度被测物质的标准溶液,在一定的测试条件下,按各溶液浓度由低到高的顺序依次测定出吸光度,然后以吸光度为纵坐标,浓度为横坐标绘制 A-c 标准曲线(工作曲线),如图 6-15 所示。与标准溶液测试完全相同的条件下测定样品溶液的吸光度 A_x,再从标准曲线上求出被测元素的含量 c_x。

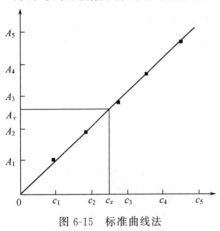

图 6-15 标准曲线法

标准曲线法适用于组成简单或共存元素不干扰的试样,可用于同类大批量样品的测定。为保证分析结果有足够的准确度,应采用相同的方法处理标准溶液和试样溶液,使其组成尽可能相同,在整个测定过程中的操作方法和实验条件要始终保持一致,每次测定前应随时对标准曲线进行校正。

2. 标准加入法

若试样组成比较复杂,则标准溶液的组成难以和样品溶液基体组成保持一致,标准曲线法就难以消除基体干扰,导致测定误差增大,此时可采用标准加入法进行定量分析。

取 4 份(或更多)相同体积的被测试液,从第二份起,分别按一定比例加入不同量的待测元素标准溶液,然后稀释至相同体积,再在相同实验条件下,分别测定其吸光度。设原试样溶液中待测元素浓度为 c_x,加入标准溶液后的实际浓度为 c_x+c_0、c_x+2c_0、c_x+3c_0,以测得的各溶液吸光度对加入的浓度作图,如图 6-16 所示。将所得的工作曲线向左外推至与浓度轴相交,则交点与坐标原点之间的距离即为待

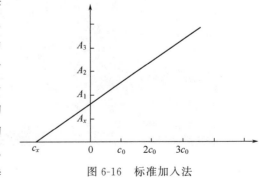

图 6-16 标准加入法

测元素的浓度 c_x。所以标准加入法又称作直线外推法或增量法。

标准加入法利用了吸光度的加和性，加入的标准物质含量应与被测元素在同一数量级上，并使各溶液浓度落在线性区域内。该法适用于组成较为复杂的试样，可消除基体效应和某些化学干扰，不能消除分子吸收及背景吸收的影响。

二、灵敏度和检出限

1. 灵敏度

根据国际纯粹化学和应用化学联合会 IUPAC 规定，原子吸收分析的灵敏度定义为：在一定条件下，被测物质浓度或含量改变一个单位时所引起测量信号的变化程度。即标准曲线 $A=f(c)$ 的斜率：$S=\mathrm{d}A/\mathrm{d}c$ 或 $S=\mathrm{d}A/\mathrm{d}m$。

(1) 特征浓度　在火焰原子化法中，用特征浓度 S_c 表示灵敏度，又称相对灵敏度。它是指能产生 1% 吸收或 0.0044 吸光度信号时所对应的被测元素的质量浓度，单位为 $\mu\mathrm{g} \cdot \mathrm{mL}^{-1} \cdot (1\%)^{-1}$，计算式为：

$$S_c = \frac{0.0044c}{A} \tag{6-6}$$

式中，c 为被测溶液的浓度，$\mu\mathrm{g} \cdot \mathrm{mL}^{-1}$；$A$ 为被测溶液的吸光度。

(2) 特征质量　在无火焰原子化吸收法中，用特征质量 S_m 表示灵敏度，又称绝对灵敏度。它是指能产生 1% 吸收或 0.0044 吸光度信号时所对应的被测元素的质量，单位为 $\mu\mathrm{g} \cdot (1\%)^{-1}$，计算式为：

$$S_m = \frac{0.0044cV}{A} \tag{6-7}$$

式中，V 为试液进样量，mL；其他符号意义同式(6-6)。

特征浓度或特征质量越小，仪器的灵敏度越高。影响原子吸收分析灵敏度的主要因素有被测元素本身性质、仪器性能（包括光源特性、单色器分辨能力、检测器灵敏度）以及操作条件。当被测元素和实验条件固定时，灵敏度就只与仪器性能有关。

2. 检出限

IUPAC 规定，在选定的实验条件下，以适当的置信度水平检出的待测元素的最小浓度或最小量称为仪器的检出限，一般用被测元素产生的信号强度是空白溶液吸光度信号标准偏差 3 倍时所对应的被测元素浓度或质量来表示。检出限有相对检出限（D_c）和绝对检出限（D_m），其计算公式如下：

$$D_c = \frac{c \times 3\sigma}{A} (\mu\mathrm{g} \cdot \mathrm{mL}^{-1}) \tag{6-8}$$

$$D_m = \frac{cV \times 3\sigma}{A} (\mu\mathrm{g}) \tag{6-9}$$

式中，c 为被测溶液的质量浓度，$\mu\mathrm{g} \cdot \mathrm{mL}^{-1}$；$A$ 为溶液的平均吸光度；σ 为空白溶液进行 10 次以上吸光度测定而求出的标准偏差；V 为被测溶液进样量，mL。

检出限不仅与灵敏度有关,而且还考虑到仪器的噪声,因此检出限比灵敏度具有更明确的意义,更能反映仪器的性能。

 案例

灵敏度和检出限的计算

1. 用火焰原子化法测定镁的含量,于波长 285.2nm 时,喷入 $1\mu g \cdot mL^{-1}$ 镁标准溶液,测得吸光度为 0.44,试计算此原子吸收光谱仪测定镁的特征浓度。

根据式(6-6)可得:

$$S_c = \frac{0.0044c}{A} = \frac{0.0044 \times 1}{0.44}$$

$$= 0.01\mu g \cdot mL^{-1} \cdot (1\%)^{-1}$$

2. 原子吸收法测定铅时,若 $0.1\mu g \cdot mL^{-1}$ 的铅标准溶液产生的吸光度为 0.24,对空白溶液进行 10 次测定的标准偏差是 0.012,请问铅的检出限是多少?

根据式(6-8)可得:

$$D_c = \frac{c \times 3\sigma}{A} = \frac{0.1 \times 3 \times 0.012}{0.24} = 0.015(\mu g \cdot mL^{-1})$$

思考题:
1. 如何评价一台原子吸收分光光度计性能的优劣?
2. 灵敏度与检出限之间有何关系?

第四节 干扰及消除方法

一、物理干扰与消除

物理干扰是指试样溶液在原子化过程中,由于试样物理性质如黏度、表面张力、雾化气体压力以及溶剂蒸气压等发生改变而引起的干扰,亦称基体效应。在火焰原子吸收分析中,试液的性质发生任何变化或是存在大量基体元素时,都将直接或间接地影响原子化效率,导致原子吸收信号强度的改变,继而影响到吸光度的测定。物理干扰对试样中各元素的影响基本相同。

消除物理干扰方法有:配制与待测试液具有相似组成的标准溶液;应用标准加入法进行定量分析;被测试液浓度较高时应将溶液稀释;在试液中加入适当的有机溶剂既可消除干扰又能提高分析的灵敏度。

二、化学干扰与消除

由于试液在转化为自由基态原子的过程中待测元素与共存元素发生化学作用而

产生的干扰效应称为化学干扰，主要影响待测元素化合物的熔融、蒸发和解离过程，从而引起原子吸收信号强度的改变。这类干扰是火焰原子吸收光谱法中干扰的主要来源，其产生的原因比较复杂，需针对特定的样品和实验条件进行具体分析。通常消除化学干扰的方法有如下几种。

（1）使用释放剂　当被测元素与干扰元素在火焰中生成稳定的化合物时，加入另一种物质和干扰元素形成更稳定、更难挥发的化合物，将待测元素释放出来，这种加入的试剂叫作释放剂。其加入量要达到一定量时才能起到释放作用，最佳加入量需要通过实验来确定。常用的释放剂有氯化镧和氯化锶等。

（2）使用保护剂　所谓保护剂是指它能使被测元素不与干扰元素生成难挥发、难解离的化合物，可避免被测元素受到干扰。如 EDTA 作保护剂可抑制磷酸根对钙的干扰，8-羟基喹啉作保护剂可抑制铝对镁的干扰。

（3）使用缓冲剂　在试液和标准溶液中加入大量含有干扰元素的试剂，使干扰的影响不再发生变化以达到消除干扰的目的，这种含有干扰元素的试剂叫作缓冲剂。例如，用 N_2O-乙炔火焰测定钛时，铝抑制钛的吸收。当铝浓度大于 $200\mu g \cdot mL^{-1}$ 时，干扰趋于稳定，可消除铝对钛的干扰。缓冲剂的加入量，必须大于吸收值不再变化的干扰元素的最低限量。应用这种方法往往明显地降低灵敏度。

在以上方法都不能达到效果时，可利用化学方法将被测元素与干扰元素分离，然后进行测定。例如，有机溶剂萃取、沉淀分离、离子交换法等分离方法。

三、电离干扰与消除

由于原子的电离作用使基态原子数减少而引起吸光度降低的现象称为电离干扰，火焰中元素原子的电离度与火焰温度和该元素的电离能有密切关系，火焰温度越高，元素的电离能越低，则电离度越大，电离干扰就越严重。对碱金属和碱土金属而言，因其电离能较低，测定时电离干扰就比较显著。提高火焰中离子的浓度、降低电离度是消除电离干扰的基本途径。最常用的方法是在试样中加入大量易电离的其他元素（如铯 Cs），称作消电离剂，来抑制被测元素的电离。利用温度较低的火焰来降低电离度，亦可减弱电离干扰。

四、光谱干扰与消除

光谱干扰是指被测元素的吸收谱线与干扰物质的辐射或吸收光谱不能完全分离，或分析线被试样中其他成分吸收而引起的干扰效应，主要有谱线干扰和背景吸收干扰。

1. 谱线干扰

（1）吸收线重叠干扰　试样中共存元素的吸收线波长与被测元素共振线波长很接近时，两条谱线不能分离，吸收信号增强，产生光谱重叠干扰，使分析结果偏高。如测 Ge 时的分析线若选 422.66nm，共存元素 Ca 的吸收线为 422.67nm，对 Ge 的测定产生光谱干扰。消除方法是另选一条待测元素的吸收线作为分析线进行测定或是分离出干扰元素。

(2) 相邻谱线干扰　在被测元素吸收线附近，存在着单色器不能分开的其他谱线，即产生这种光谱干扰。一种情况是在分析线附近存在着被测元素的非共振线，常见于多谱线元素。如镍元素灯的共振发射线为232.0nm，附近还有多条其他的发射谱线，这些邻近线既不被吸收，也不能分开，使透过光的强度增加，标准曲线向横轴弯曲，分析结果偏低。可以采用减小狭缝宽度的方法来改善或消除这种干扰。另一种情况是由于空心阴极灯内的杂质所发射的谱线不能被单色器分离引起的，相邻谱线是非被测元素的谱线，多见于多元素灯。可通过使用由合适惰性气体、高纯度阴极材料制作的单元素灯来消除这种影响。

2. 背景吸收干扰

分子吸收和光散射现象是形成光谱背景的主要因素，背景吸收是一种与原子化器有关的光谱干扰。分子吸收是指在原子化条件下不解离的气态分子对光的吸收，其产生的带状光谱可在相应的波长范围内形成干扰；光的散射现象是指试样在原子化过程中产生的固体微粒在光路中能够阻挡光束，造成透过光的强度减弱，其效果相当于分子吸收，使吸收信号增大，分析结果偏高。消除背景吸收干扰的方法有以下几种。

(1) 空白校正法　配制一份与被测试液具有相同浓度基体元素的空白溶液，测定其吸光度，此值即为待测试液背景吸收产生的吸收信号。然后从测得的被测溶液的吸光度中减去空白溶液的背景吸收值，就可得到被测溶液的吸光真值。

(2) 两谱线扣除法　在用分析线测量试样吸光度（原子吸收与背景吸收之和）的同时，测量此试样对邻近非吸收线的吸光度，此时不产生原子吸收，仅为背景吸收，所以扣除后即得原子吸收真值。如测 Ag 时，于分析线 328.07nm 处测得原子吸收和背景吸收的总和，再在邻近非吸收线 312.30nm 处测得背景吸收，两者的差值就是原子吸收的吸光度。

(3) 连续光源（氘灯）背景校正法　利用旋转折光器交替使氘灯的连续光谱和锐线光源的共振线通过火焰，共振线通过火焰时产生的吸收包括了原子吸收和背景吸收，氘灯通过火焰时仅产生背景吸收。两次测定的吸光度相减即得原子吸收真值。

(4) 塞曼（Zeeman）效应背景校正法　在原子化器上加一磁场，利用塞曼效应，使吸收谱线分裂成具有不同偏振特性的光，再由谱线的磁特性和偏振特性来区别原子吸收与背景吸收。当平行偏振光通过时，得到原子吸收和背景吸收总和，垂直偏振光通过时只有背景吸收，两者之差即为原子吸收。此法校正波长范围宽（190～900nm），准确度高。

(5) 自吸效应背景校正法　当以低电流脉冲供电时，空心阴极灯发射锐线光谱，测得原子吸收与背景吸收的总吸光度。当以短时间高电流脉冲供电时，发射线产生自吸效应，在极端的情况下发射线产生自蚀，这时只测得背景吸收的吸光度，两次测得的吸光度值相减，便得到校正了背景吸收后的分析线的吸光度值。这种校正背景方法可以校正精细结构与光谱干扰引起的背景吸收，没有光能量损失与工作曲线反转的问题。对于在高电流脉冲供电时发射线自吸效应不够大的难熔元素，测定灵敏度会降低。

习题

一、填空题

1. 共振发射线是由_____向_____跃迁形成的，共振吸收线则是由_____向_____跃迁形成的。
2. 原子吸收分光光度法是通过测量_____中待测元素的_____对_____吸收来求得该元素的含量。
3. 峰值吸收测量代替积分吸收测量的条件是_____、_____。
4. 在原子吸收分析法中，将原子蒸气所吸收的全部能量称为_____。
5. 原子吸收分光光度法定量分析方法有_____、_____。
6. 原子吸收光谱仪产生共振发射线的是_____，产生共振吸收线的是_____。
7. 原子吸收分析法中主要干扰有_____、_____、_____、_____。
8. 原子化器有_____原子化器和_____原子化器两种类型。
9. 衡量原子吸收光谱仪性能的两个重要指标是_____、_____。
10. 原子吸收光谱法定量的基本公式是_____，原子吸收分光光度计常采用_____作为锐线光源。

二、选择题（四个备选答案中选出一个最佳答案）

1. 原子吸光度与原子浓度的关系是（　　）。
   A. 指数关系　　　　　　B. 对数关系
   C. 反比关系　　　　　　D. 线性关系
2. 原子吸收分光光度法的特点是（　　）。
   A. 灵敏度高　　　　　　B. 选择性好
   C. 应用广泛　　　　　　D. 以上均是
3. AAS 测量的是（　　）。
   A. 溶液中分子的吸收　　B. 蒸气中分子的吸收
   C. 溶液中原子的吸收　　D. 蒸气中原子的吸收
4. 共振吸收线是（　　）。
   A. I-ν 曲线
   B. K-ν 曲线
   C. 电子由激发态跃迁至低能级时所产生的发射线
   D. 电子由基态跃迁至第一激发态所产生的吸收线

5. 原子吸收谱线的宽度主要决定于（　　）。
   A. 自然变宽
   B. 多普勒变宽和自然变宽
   C. 多普勒变宽和压力变宽
   D. 自然变宽和压力变宽

6. 产生峰值吸收的是（　　）。
   A. 原子总数　　　　　　　　B. 分子总数
   C. 激发态原子总数　　　　　D. 基态原子总数

7. 原子吸收光谱是（　　）。
   A. 带状光谱　　　　　　　　B. 线状光谱
   C. 振动光谱　　　　　　　　D. 转动光谱

8. 在原子吸收分析中，原子蒸气对共振辐射的吸收程度与（　　）。
   A. 透射光强度 I 有线性关系
   B. 基态原子数 N_0 成正比
   C. 激发态原子数 N_j 成正比
   D. 被测物质 N_j/N_0 成正比

9. 多普勒变宽产生的原因是（　　）。
   A. 被测元素的激发态原子与基态原子相互碰撞
   B. 原子的无规则热运动
   C. 被测元素的原子与其他粒子的碰撞
   D. 外部电场的影响

10. 原子吸收光谱法对光源发射线半宽度的要求是（　　）。
    A. 大于吸收线的半宽度
    B. 等于吸收线的半宽度
    C. 小于吸收线的半宽度
    D. 没有要求

11. 标准加入法可以消除（　　）。
    A. 背景吸收　　　　　　　　B. 分子吸收
    C. 基体效应　　　　　　　　D. 电离效应

12. 原子吸收分光光度计与紫外-可见分光光度计不同之处是（　　）。
    A. 光源不同　　　　　　　　B. 吸收池不同
    C. 单色器位置不同　　　　　D. 以上均是

13. 原子吸收光谱仪中光源的作用是（　　）。
    A. 提供试样原子化所需的能量
    B. 发射待测元素基态原子所吸收的特征光谱
    C. 产生足够强度的散射光

D. 发射很强的紫外-可见光谱

14. 原子吸收分光光度计广泛采用的光源是（　　）。
   A. 氖灯　　　　　　　　　　B. 氢灯
   C. 钨灯　　　　　　　　　　D. 空心阴极灯

15. 空心阴极灯可以提供（　　）。
   A. 可见光谱　　　　　　　　B. 紫外光谱
   C. 红外光谱　　　　　　　　D. 锐线光谱

16. 现代原子吸收分光光度计分光系统的组成主要为（　　）。
   A. 光栅＋透镜＋狭缝　　　　B. 棱镜＋透镜＋狭缝
   C. 光栅＋凹面镜＋狭缝　　　D. 棱镜＋凹面镜＋狭缝

17. 定量分析中，配制与待测试液具有相似组成的标准溶液，可减小（　　）。
   A. 背景干扰　　　　　　　　B. 电离干扰
   C. 光谱干扰　　　　　　　　D. 基体干扰

18. 原子吸收光谱法利用塞曼效应可扣除（　　）。
   A. 电离干扰　　　　　　　　B. 光谱干扰
   C. 背景干扰　　　　　　　　D. 物理干扰

19. 可以消除物理干扰的定量分析方法是（　　）。
   A. 内标法　　　　　　　　　B. 标准加入法
   C. 标准曲线法　　　　　　　D. 单点校正法

20. 在原子吸收光谱法中，产生1%吸收时的吸光度为（　　）。
   A. 0　　　　　　　　　　　B. 1
   C. 10　　　　　　　　　　　D. 0.0044

三、简答题

1. 导致原子吸收光谱线变宽的主要因素有哪些？
2. 单光束原子吸收分光光度计由哪几部分组成？其主要作用是什么？
3. 原子吸收光谱法有哪些干扰？应如何减免？
4. 原子吸收分析有哪些定量分析方法？定量分析的理论依据是什么？

四、计算题

1. 已知钠的共振线波长 $\lambda=589nm$，统计权重 $g_j/g_0=2$，试求在 $T=3000K$ 的火焰中，处于3p激发态的钠原子数与处于3s基态原子数的比值。(5.82×10^{-4})

2. 原子吸收分光光度法在选定的实验条件下用空白溶液调零后，测得浓度为 $3\mu g \cdot mL^{-1}$ 的钙溶液的透光率为48%，计算钙的灵敏度。[$0.041\mu g \cdot mL^{-1} \cdot (1\%)^{-1}$]

3. 用原子吸收光谱法测定试液中镉的含量，准确移取20.00mL含镉试液两份于50mL容量瓶中，在其中一份试液中加入2.00mL浓度为 $10\mu g \cdot mL^{-1}$ 的镉标准溶液，稀释至刻度后测得未加镉标准溶液的吸光度为0.042，加有镉标准溶液的吸

光度为 0.116，计算试液中镉的浓度。($0.57\text{mg}\cdot\text{L}^{-1}$)

4. 用标准曲线法测定自来水中镁的含量，吸取 0mL、1mL、2mL、3mL、4mL 浓度为 $1\text{mg}\cdot\text{L}^{-1}$ 的镁标准溶液和水样 20.00mL，置于 50mL 容量瓶中，加入消电离剂后稀释至标线。在相同的测定条件下测得各标准溶液以及水样的吸光度分别为 0.043、0.092、0.140、0.187、0.234、0.135，试求自来水中镁的含量。($0.095\text{mg}\cdot\text{L}^{-1}$)

第七章
色谱分析法导论

> **学习目标**
>
> 1. 理解色谱分离的基本原理，了解色谱的分类方法；
> 2. 掌握色谱流出曲线所代表的各种技术参数的准确含义；
> 3. 掌握色谱分离的理论基础：塔板理论和速率理论方程；
> 4. 学会各种色谱定性和定量的分析方法。

第一节 色谱分析法及其基本概念

色谱分析法简称色谱法或层析法（chromatography），是一种物理或物理化学分离分析方法。色谱法已广泛应用于各个领域，成为多组分混合物的最重要的分析方法，在各学科中起过和起着重要作用。

一、色谱分析法的产生和发展

色谱分析法是俄国植物学家茨维特（Tswett）在1906年分离植物色素时提出来的。茨维特为了分离植物色素，将植物色素的石油醚提取液倒入装有碳酸钙粉末的玻璃柱中，用石油醚自上而下淋洗，由于不同的色素在碳酸钙颗粒表面的吸附力和被石油醚溶解能力存在差异，导致不同色素向下移动的速度也不相同。经过一段时间洗脱后，色素在柱子上分开，形成一圈圈不同颜色的色带，使不同色素成分得到分离，因此这种分离方法称为"色谱法"。实验中所用的玻璃柱称为色谱柱（column），色谱柱中填充的固定不动的碳酸钙称为固定相（stationary pllase），推动色素移动的石油醚称为流动相（mobile pllase）。

色谱法在20世纪初并没有引起重视，直到20世纪30年代，R. Kuhn用Tswett的方法分离类胡萝卜素异构体获得了成功，色谱法才得以广泛应用。其后40年代至50年代初，先后出现了纸色谱（paper chromatography，PC）和薄层色谱法（thin-layer chromatography，TLC）；50年代James和Martin提出了气相色谱法（gas chromatography，GC）开创了现代色谱法的新时期；60年代后期新型色谱柱填料、高压输液泵和高灵敏度的检测器的出现，发展出了高效液相色谱（high performance liquid chromatography，HPLC）；80年代初出现了超临界流体色谱法

(supercritical fluid chromatography，SFC)，是以超临界流体作为流动相的一种色谱方法；80 年代末又出现了在医学研究中越来越受到重视的毛细管电泳技术（capillary electrophoresis，CE）。当前，色谱法发展的趋势是向着色谱-质谱（光谱）联用技术、多维色谱和智能色谱方向发展。

二、色谱分析法分类

色谱分析法有多种不同的分类方法，通常按照以下三种标准分类。

1. 按流动相和固定相的状态分类

按流动相的物理状态的不同，色谱分析法可分为气体作流动相的气相色谱法（GC）和液体作流动相的液相色谱法（LC）。GC 根据固定相物理状态的不同又可分为气-固色谱法（GSC）和气-液色谱法（GLC）；LC 也可分为液-固色谱法（LSC）和液-液色谱法（LLC）。此外还有超临界流体作色谱流动相的超临界流体色谱法（SFC）。

2. 按固定相外形分类

按固定相外形可分为柱色谱法、平板色谱法等。

柱色谱法（column chromatography）是将色谱填料装填在色谱柱管内作固定相的色谱方法，色谱分离过程在色谱柱中进行。根据色谱柱的尺寸、结构和制作方法的不同，可分为填充柱色谱法、毛细管柱色谱法及微填充柱色谱法等。气相色谱法、高效液相色谱法、毛细管电泳法及超临界流体色谱法等都属于柱色谱法。

平板色谱法（planar 或 plane chromatography）是固定相呈平板状的色谱，称为平板色谱，它又可分为用吸附水分的滤纸作固定相的纸色谱法、将固定相涂在玻璃板或铝箔板等上的薄层色谱法以及将高分子固定相制成薄膜的薄膜色谱法等。平板色谱法属液相色谱范畴。

3. 按色谱过程的分离原理分类

按色谱过程的分离机制可分为吸附色谱法（adsorption chromatography）：利用吸附剂表面对被分离的各组分吸附能力不同进行分离；分配色谱法（partition chromatography）：利用不同组分在两相分配系数或溶解度不同进行分离；离子交换色谱法（ion exchange chromatography，IEC）：利用不同组分对离子交换剂亲和力不同进行分离；凝胶色谱法（gel permeation chromatography，GPC）：利用凝胶对分子的大小和形状不同的组分所产生的阻碍作用不同而进行分离的色谱法等。

三、色谱图及常用术语

1. 色谱图（chromatography）

我们把混合物样品（A＋B）经色谱柱分离，在柱后安装一个检测器，用于检测被分离的组分，所检测到的响应信号对时间或流动相流出体积作图得到的曲线称为色谱图。由于检测器上产生的信号强度与物质的浓度成正比，所以色谱图实际上是浓度-时间曲线，如图 7-1 所示。

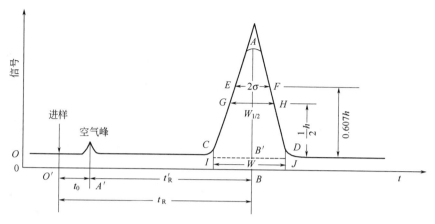

图 7-1 色谱流出曲线

2. 基本术语

(1) 基线　基线是在正常实验操作条件下，色谱柱后没有组分流出，仅有流动相通过时，检测器响应信号的记录值。实验条件稳定时，基线应是一条平行于横轴的直线，若基线上下波动称为噪声，基线上斜或下斜称为漂移。

(2) 色谱峰　当某组分从色谱柱流出时，检测器对该组分的响应信号随时间变化所形成的峰形曲线称为该组分的色谱峰，正常的色谱峰为对称的正态分布曲线，如图 7-1 所示。

① 峰高 h　色谱峰最高点与基线之间的垂直距离，如图 7-1 中的 AB' 线。

② 峰宽　色谱峰的宽度是色谱流出曲线中很重要的参数，它直接和分离效率有关。描述色谱峰宽有三种方法。

标准偏差 σ：峰高 0.607 倍处的色谱峰宽的一半。σ 值的大小表示组分离开色谱柱的分散程度。σ 值越大，流出的组分越分散，分离效果越差；反之流出组分越集中，分离效果越好。

峰宽 W：通过色谱峰两侧的拐点作切线在基线上的截距称为峰宽，或称基线宽度，见图 7-1 中的 W。根据正态分布的原理，可得峰宽和标准差的关系是 $W=4\sigma$。

半峰宽 $W_{1/2}$：峰高一半处色谱峰的宽度称为半峰宽，见图 7-1 中 GH 间的距离。$W_{1/2}=2.354\sigma$。

$W_{1/2}$ 与 W 都是由 σ 派生而来的，它们除可衡量柱效外，还可用于峰面积计算。半峰宽测量较方便，最为常用。

③ 峰面积 A　色谱峰与峰底所围的面积，它是色谱定量的依据。色谱峰的面积可由色谱仪中的微处理器（微机）或积分仪求得，亦可以通过计算求得，对于对称的色谱峰：$A=1.065hW_{1/2}$；对于非对称的色谱峰：$A=1.065h(W_{0.15}+W_{0.85})/2$。

(3) 保留值　保留值是色谱定性分析的依据，它表示组分在色谱柱中停留的数值，可用时间 t 和所消耗流动相的体积 V 来表示，分别称为保留时间和保留体积。

组分在固定相中溶解性能越好,或固定相的吸附性越强,在柱中滞留的时间就越长,消耗的流动相体积也越大。

① 死时间 t_0 不能被固定相吸附或溶解的组分从进样开始流经色谱柱到出现峰最大值所需要的时间为死时间,亦即流动相到达检测器所需的时间。例如气相色谱中惰性气体(空气、甲烷等)流出色谱柱所需的时间就是死时间。

② 保留时间 t_R 组分从进样开始到色谱峰顶点对应的时间间隔称为该组分的保留时间。当操作条件不变时,组分的 t_R 为定值,因此保留时间是色谱法的基本定性参数。

③ 调整保留时间 t'_R 扣除了死时间后的保留时间,即 $t'_R=t_R-t_0$。调整保留时间 t'_R 体现的是组分在柱中被吸附或溶解的时间。因其扣除了与组分性质无关的 t_0,所以作为定性指标比保留时间 t_R 更合理。

④ 死体积 V_0 不能被固定相滞留的组分从进样到出现峰最大值所消耗的流动相的体积。也可以说死体积 V_0 是从进样器到检测器的流路中未被固定相占有的空隙的总体积。死时间相当于载气充满死体积所需的时间。死体积大,色谱峰扩张(展宽),柱效降低。

⑤ 保留体积 V_R 是指组分从进样开始到出现峰最大值时所需流动相的体积。一般可用保留时间乘载气流速求得:$V_R=t_R F_0$(F_0 为载气流速)。

⑥ 调整保留体积 V'_R 保留体积扣除死体积后的体积称为调整保留体积,它真实地反映将待测组分从固定相中携带出柱子所需流动相体积。$V'_R=t'_R F_0$。调整保留体积和调整保留时间同属于色谱定性参数。

(4) 分配系数 K 和分配比 k' 色谱过程是相平衡过程。在一定温度下,组分在流动相和固定相之间所达到的平衡叫分配平衡,组分在两相中的分配行为常用分配系数 K 和分配比 k' 来表示。

① 分配系数 K 色谱过程中,在流动相与固定相中的溶质分子处于动态平衡。平衡时组分在固定相(s)与流动相(m)中的浓度(c)之比为分配系数

$$K=\frac{\text{组分在固定相中的浓度}}{\text{组分在流动相中的浓度}}=\frac{c_s}{c_m} \tag{7-1}$$

K 随温度变化而变化,与固定相、流动相的体积无关,在不同分离机制的色谱中 K 都可用上式表示,但名称有所不同。在吸附色谱中称为吸附系数,在离子交换色谱中称为选择性系数,凝胶色谱中称为渗透系数。其物理意义都表示在平衡状态下组分在固定相和流动相中的浓度之比,也叫平衡常数。色谱过程中不同组分虽然开始时处于同一起跑线上,但由于 K 不同,它们在柱中前进的速率就不同,K 大的组分前进的速率慢,保留时间长。

② 分配比 k' 在平衡状态下,组分在固定相与流动相中的质量之比称为分配比 k'(又称容量因子、容量比)。

$$k'=\frac{\text{组分在固定相中的质量}}{\text{组分在流动相中的质量}}=\frac{m_s}{m_m}=\frac{c_s V_s}{c_m V_m}=K\frac{V_s}{V_m} \tag{7-2}$$

从式(7-2)看出，分配比与分配系数存在着内在的联系。组分的分配比大，表示组分有较长的保留时间。分配比与柱效参数及定性参数密切相关，而且比分配系数更易于测定，在色谱分析中一般都是用分配比代替分配系数。

第二节 色谱分析法基本理论

在两组分的色谱分离过程中，随着时间的延长，两组分间的距离逐渐加大，每一组分的分布也趋于分散，即色谱峰变宽。显然，色谱分离的效果和峰的宽度及出峰时间相关。能够解释这一现象的理论首推塔板理论。

一、塔板理论

塔板理论把色谱柱看作一个分馏塔，把色谱柱中的某一段距离（长度）假设为一层塔板，在此段距离中完成的分离就相当于分馏塔中的一块塔板所完成的分离，在每个塔板间隔内样品混合物在两相中达到分配平衡。经过多次的分配平衡后，分配系数小的组分先到达塔顶流出色谱柱。由于色谱柱内的塔板数可高达几十甚至几万，因此即使组分分配系数只有微小差异，仍然可以获得较好的分离效果。据此理论，色谱柱的某一段长度就称为理论塔板高度。

若色谱柱的总长度为 L，塔板高度为 H，则色谱柱中塔板数 n 为：

$$n = \frac{L}{H} \tag{7-3}$$

由上式可知，若色谱柱长度 L 固定，每一个塔板高度 H 越小，塔板数目越多，分离的效果越好，柱效越高。塔板数 n 与 W 和 $W_{1/2}$ 的关系为：

$$n = 5.54 \left(\frac{t_R}{W_{1/2}}\right)^2 = 16 \left(\frac{t_R}{W}\right)^2 \tag{7-4}$$

式(7-4)说明，在 t_R 一定时，若峰越窄，即 W 或 $W_{1/2}$ 越小，理论塔板数越大，则理论塔板高度越小，柱的分离效率越高。因此，一般把理论塔板数称为柱效指标。

若考虑到扣除死时间的影响，用 t'_R 代替 t_R，计算出的理论塔板数称为有效理论塔板数（$n_{有效}$），有效理论塔板数表征色谱柱的实际柱效。理论塔板高度为有效理论塔板高度（$H_{有效}$）：

$$H_{有效} = \frac{L}{n_{有效}} \tag{7-5}$$

$$n_{有效} = 5.54 \left(\frac{t'_R}{W_{1/2}}\right)^2 = 16 \left(\frac{t'_R}{W}\right)^2 \tag{7-6}$$

塔板理论是基于热力学近似的理论，虽然塔板理论在解释流出曲线的形状、浓度极大值的位置及评价柱效等方面是成功的，但由于它的某些假设与实际色谱过程并不相符（如色谱柱中并不存在一片片相互隔离的塔板、组分在塔板内不能瞬时达到分配平衡及纵向扩散的存在等），因而不能很好地解释与动力学过程相关的一些现象，如色谱峰的变形、理论塔板数与流动相流速的关系等。

二、速率理论

1956年荷兰学者 VanDeomter 等在塔板理论基础上，研究了影响板高的因素，提出一个描述色谱柱分离过程中复杂因素使色谱峰变宽而致柱效降低的关系，这一关系叫范第姆特方程式，即此方程经简化为：

$$H = A + \frac{B}{u} + Cu \tag{7-7}$$

式中，H 为理论塔板高度；u 为流动相的线速度，$cm \cdot s^{-1}$；A 为涡流扩散项；B/u 为分子扩散项；Cu 为传质阻力项。由式(7-7)可知，当 u 一定时，只有 A、B、C 三个常数越小，塔板高度 H 才越小，色谱峰越尖锐，柱效越高。

1. 涡流扩散项 A

在填充色谱柱中，当组分随流动相向柱口迁移时，流动相由于受到固定相颗粒障碍，不断改变流动方向，使组分分子在前进中形成紊乱的类似"涡流"的流动，称涡流扩散。如图7-2。

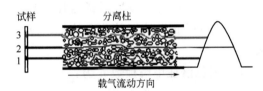

图7-2 涡流扩散对峰展宽的影响

范第姆特方程式中常数 A 称为涡流扩散项系数，表达式：

$$A = 2\lambda d_p \tag{7-8}$$

式中，d_p 表示固定相的平均粒径大小；λ 为填充不规则因子。A 项说明由于填充柱中填料颗粒大小、分布范围及填充不均匀性而引起的峰展宽。填充不均匀，使同一个组分的分子经过多个不同的途径流出色谱柱，因此也称为多径项；固定相颗粒越小，d_p 越小，填充得越均匀，A 越小，H 越小，柱效 n 越高，表示涡流扩散所引起的色谱峰变宽现象减轻，色谱峰较窄。

2. 分子扩散项（纵向扩散项）B/u

在色谱过程中，待测组分是以"塞子"的形式被流动相带入色谱柱的，在"塞子"前后存在浓度梯度，由浓向稀方向进行扩散，产生了纵向扩散，使色谱峰展宽。B/u 为纵向扩散项，B 称为分子扩散系数或纵向扩散系数，表达式为：

$$B = 2\gamma D \tag{7-9}$$

式中，γ 是弯曲因子，表示填充柱内流动相扩散路径弯曲的因素，它反映了固定相的几何形状对分子扩散的阻碍情况，一般填充柱色谱的 $\gamma < 1$；D 为组分在流动相中的扩散系数，cm^2/s。分子扩散项主要是针对气相色谱来讨论的，因为组分在气相中扩散要比液相中的扩散严重得多，在气相中的扩散系数大约是在液相中的 10^5 倍，因此在液相色谱中，分子扩散引起的峰形扩张很小，可以忽略不计。也因为这个原因，在气相色谱中，扩散系数常用 D_g 代替 D。

气相色谱中纵向扩散的程度与分子在载气中停留的时间及扩散系数成正比。停留时间越长，则 D_g 越大，由纵向扩散引起的峰展宽越大。组分在载气中的扩散系

数 D_g 与载气分子量的平方根成反比，还受柱温影响。为了缩短组分分子在载气中的停留时间，可采用较高的载气流速。选择分子量大的重载气（如 N_2），可以降低 D_g。但由于分子量大时，黏度大，柱压较大。因此，载气线速度较低时用氮气，较高时宜用氦气或氢气。

3. 传质阻力项 Cu

色谱中过程中组分分子与固定相、流动相分子间相互作用，阻碍组分分子快速传递实现平衡，影响此平衡过程进行速度的阻力称为传质阻力。常数 C 称传质阻力系数，它包括两部分，$C=C_m+C_s$。其中 C_m 是流动相传质阻力系数，表示组分从流动相移动到固定相表面进行两相之间的质量交换时所受到的阻力：

$$C_m = \frac{0.01 k'^2}{(1+k')^2} \times \frac{d_p^2}{D_g} \tag{7-10}$$

此式说明，如要减小流动相的传质阻力，就可以采用细小（d_p 小）的固定相、扩散系数 D 大（分子量小）的流动相以提高柱效。

C_s 是固定相传质阻力系数，表示组分从两相界面移动到固定相内部，达到分配平衡后，又返回到两相界面，在这过程中所受到的阻力为固定相传质阻力：

$$C_s = \frac{2k'}{3(1+k')^2} \times \frac{d_f^2}{D_s} \tag{7-11}$$

由式(7-11)可知，降低固定液液膜厚度（d_f）可以减小传质阻力系数。在能完全覆盖载体表面的前提下，可适当减少固定液的用量（但固定液也不能太少，否则会缩短柱寿命）。增加温度有利于增加 D_s，减小传质阻力。

4. 柱效与流速的关系

根据式(7-7)速率方程，在其他条件不变时测定不同流速下的塔板高度 H，作 GC 和 LC 的 H-u 曲线图，可得两条曲线，如图 7-3 所示。

由图可见，气相色谱和液相色谱的塔板高度 H 与流速变化关系有区别也有联系。在气相色谱中，纵向扩散严重，特别是 u 比较小时，纵向扩散尤其明显，在此区域，增大流速可使 H 降低，但随着流速增大，传质阻力也随之增大，因此在 u 比

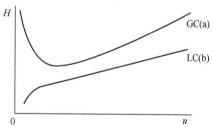

图 7-3　GC 与 LC 的 H-u 曲线

较大时，Cu 项对 H 的影响更大一些，随着 u 的增加，H 也增大了。GC 中的 H-u 曲线上存在一个最低点，对应于 $H_{最小}$ 和 $u_{最佳}$ 的一点。在 LC 的 H-u 曲线上，由于 LC 的纵向扩散非常小，u 和 H 的关系较为简单，没有最低点。

综上所述，VanDeomter 方程说明了色谱柱填充均匀程度、载体的性质与粒度、载气种类、载气流速、柱温、固定液层厚度及固定液涂渍均匀程度等对柱效的影响，对于分离条件的选择具有指导意义。

三、色谱分离总效能的衡量

1. 柱效能和选择性

柱效能：是指色谱柱在分离过程中的分离效能，常用 n（或 $n_{有效}$）、H 来描述。对单个组分而言，n 越大，H 越小，柱效越高；对多个组分的分离来说，无法用 n、H 来描述，n 大，H 小，几个峰未必分得开。

选择性：在色谱法中，常用色谱图上两峰间的距离衡量色谱柱的选择性，其距离越大，说明柱子的选择性越好。一般用相对保留值 $r_{2,1}$ 表示两组分在给定柱子上的选择性。相对保留值也称选择性因子（selectivity factor），其定义为：

$$r_{2,1} = \frac{t'_{R(2)}}{t'_{R(1)}} = \frac{V'_{R(2)}}{V'_{R(1)}} \tag{7-12}$$

相对保留值仅与柱温、固定相性质有关，是比较理想的定性指标。

2. 分离度 R

分离度 R 是同时反映色谱柱效能和选择性的一个综合指标，也称总分离效能指标或分辨率。其定义为相邻两个峰的保留值之差与两峰宽度平均值之比。数学表达式如下：

$$R = \frac{t_{R2} - t_{R1}}{\frac{1}{2}(W_1 + W_2)} = \frac{2(t_{R2} - t_{R1})}{W_1 + W_2} \tag{7-13}$$

在式(7-13)中，分子反映了溶质在两相中分配行为对分离的影响，是色谱分离的热力学因素；分母反映了动态过程组分区带的扩宽对分离的影响，是色谱分离的动力学因素。因此，两组分保留时间相差越大，色谱峰越窄，R 越大，相邻组分分离越好。一般来说当 $R<1.0$ 时，两峰有部分重叠；当 $R=1.0$ 时，两组分能分开，满足分析要求；当 $R \geqslant 1.5$ 时，两个组分能完全分开，分离度可达 99.7%。通常用 $R=1.5$ 作为相邻两组分已完全分离的标志判据。见图 7-4。

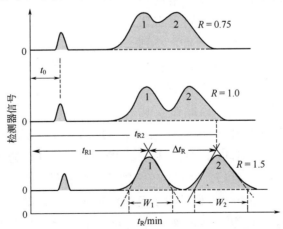

图 7-4 不同分离度色谱峰的分离程度

3. 分离度与柱效、选择性的关系

R 的定义并未完全反映影响分离度的各种因素。若将 R 与柱效 n、选择因子 $r_{2,1}$ 和分配比 k' 联系起来，可以推算出色谱分离方程（即 R 与柱效 n、选择性 $r_{2,1}$ 和 k' 的数学关系）：

$$n = 16R^2 \left(\frac{r_{2,1}}{r_{2,1}-1}\right)^2 \left(\frac{k'+1}{k'}\right)^2 \quad 或 \quad n_{有效} = 16R^2 \left(\frac{r_{2,1}}{r_{2,1}-1}\right)^2 \tag{7-14}$$

即：

$$R = \frac{\sqrt{n}}{4} \times \frac{r_{2,1}-1}{r_{2,1}} \times \frac{k'}{k'+1} = \frac{\sqrt{n_{有效}}}{4} \times \frac{r_{2,1}-1}{r_{2,1}} \tag{7-15}$$

其中 $\frac{\sqrt{n}}{4}$ 为柱效项，$\frac{r_{2,1}-1}{r_{2,1}}$ 为柱选择项，$\frac{k'}{k'+1}$ 为柱容量项。

由式(7-15)看出，可以通过增加塔板数 n、选择性 $r_{2,1}$、分配比 k' 提高分离度。增加柱长可以提高分离度，但增加柱长会使各组分的保留时间增长，延长了分析时间并使峰产生扩展，因此，设法降低板高，提高柱效，才是提高分离度的最好方法；可通过改变固定相，使各组分分配系数有较大差异来增加 $r_{2,1}$，从而提高分离度；增加固定液的用量或降低柱温使 k' 值增大，对 LC 来说，对 k' 值的控制是通过控制流动相的极性来实现的。

第三节 色谱分析法定性和定量分析方法

一、定性分析

1. 与标样对照的方法

（1）利用保留时间定性　利用在相同色谱条件下，将标准物和样品分别进样，两者保留值相同，可能为同一物质，不适用于不同仪器上获得的数据之间的对比。此方法要求操作条件稳定、一致，必须严格控制操作条件，尤其是流速，且需有样品的标准物。

（2）利用相对保留值定性　为了消除控制操作条件的局限，常采用相对保留值 $r_{2,1}$ 定性。因为 $r_{2,1}$ 仅与柱温和固定相性质有关。在色谱手册中都列有各种物质在不同固定液上的保留数据，可以用来进行定性鉴定。

（3）利用双色谱系统定性　在同一根色谱柱上，不同的物质仍可能有相同的保留值。因此，可分别在选择性不同的两根柱子上进行分离，仍能显示保留值相同的现象，则可证实两者为相同的物质。

（4）利用峰高增量定性　若样品复杂，流出峰距离太近或操作条件不易控制，可将已知物加到样品中，混合进样，若被测组分峰高增加了，则可能含有该已知物。

2. 与其他分析仪器联用的定性方法

由于色谱法定性有其局限性，现采用更多的是色谱与质谱、红外光谱等联用进

行组分的结构鉴定。

>
>
> ### 保留指数法定性
>
> 保留指数又称"Kova'ts 指数",是色谱定性分析的一个重要参数,用 I_x 表示。物质在柱上的保留行为可用两种紧靠它的作为标准物的正构烷烃来标定。设其中一个碳数为 Z,另一个为 Z+1,用 $V'_R(Z)$、$V'_R(Z+1)$ 和 $V'_R(x)$ 分别表示碳数为 Z、Z+1 和待测组分 x 的调整保留体积,并使 $V'_R(x)$ 正好处在 $V'_R(Z)$ 和 $V'_R(Z+1)$ 之间,则待测组分的保留指数 I_x 为:
>
> $$I_x = 100 \times \left[\frac{\lg V'_R(x) + \lg V'_R(Z)}{\lg V'_R(Z+1) + \lg V'_R(Z)} + Z \right]$$
>
> 通常正构烷烃的保留指数定为它的含碳数乘 100,如正己烷为 600,正庚烷为 700。测得的待测组分的保留指数可用适当的正构烷烃的值来表示。一组分在同一根柱子上的保留指数与柱温有线性关系,只要在相同的柱温和固定相条件下操作得到的保留指数,就可与文献上数值对照进行定性分析。

二、定量分析

1. 定量校正因子

色谱定量分析是根据检测器对组分产生的响应信号与组分的量成正比的原理,通过色谱图上的峰面积或峰高,计算样品中溶质的含量。定量分析的依据为:

$$m_i = f_i A_i \quad \text{或} \quad m_i = f_i h_i \tag{7-16}$$

式中,m_i 为被测组分 i 的质量;f_i 为比例系数;A_i、h_i 为被测组分的峰面积及峰高。

色谱定量分析是基于峰面积与组分的量成正比关系。但由于同一检测器对不同物质具有不同的响应值,相同的峰面积并不意味着有相等的量,两个相等量的物质出的峰面积往往也不等,这样就不能用峰面积来直接计算物质的含量。所以需对检测器的响应值(峰面积或峰高)进行校正。式(7-16)中 f_i 就是"定量校正因子",其含义是单位峰面积或峰高代表组分的含量,也称绝对校正因子:

$$f_i = \frac{m_i}{A_i} \quad \text{或} \quad f_i = \frac{m_i}{h_i}$$

绝对校正因子受操作条件影响较大,要严格控制色谱条件,不易准确测定,没有统一标准,无法直接引用。定量分析中常采用"相对校正因子",组分 i 的绝对校正因子与标准物质 s 的绝对校正因子之比,即:

$$f'_i = \frac{f_i}{f_s} = \frac{m_i/A_i}{m_s/A_s} = \frac{m_i}{m_s} \times \frac{A_s}{A_i} \tag{7-17}$$

当 m_i、m_s 以摩尔为单位时,所得相对校正因子称为相对摩尔校正因子,用 f'_M

表示；当 m_i、m_s 用质量单位时，所得相对校正因子称为相对质量校正因子，用 f'_m 表示。

一般文献上提到的校正因子就是相对校正因子。相对校正因子与待测物、基准物和检测器类型有关，与操作条件（如进样量等）无关。

2. 定量方法

（1）归一化法　若试样各组分都出峰，则可用归一化法定量。假设样品中有 n 个组分，每个组分的量分解为 $m_1, m_2, \cdots, m_n$，各组分含量总和为 m，则组分的质量为 m_i，质量分数 w_i 为：

$$w_i = \frac{m_i}{m} \times 100\% = \frac{m_i}{m_1 + m_2 + \cdots + m_n} \times 100\%$$
$$= \frac{f'_i A_i}{\sum_{i=1}^{n}(f'_n A_n)} \times 100\% \tag{7-18}$$

此方法的优点是：简便、准确、不需标准物，不必准确称量和准确进样，操作条件稍有变化对结果影响较少。缺点是：试样中所有组分必须全都出峰；必须已知所有组分的校正因子；不适合微量组分的测定。

（2）内标法　内标法指加入样品中不含的纯物质作为标准对照物质（内标物），以待测组分和内标物的响应信号对比进行定量分析的方法。

准确称量质量为 m 的样品（含 m_i 被测组分），加入准确称量质量为 m_s 的内标物，混匀，进样。假设组分 i 的峰面积为 A_i 及内标物的峰面积为 A_s，则：

$$\frac{m_i}{m_s} = \frac{f_i A_i}{f_s A_s} \quad 即 \quad m_i = \frac{f_i A_i}{f_s A_s} m_s$$
$$w_i = \frac{m_i}{m} \times 100\% = \frac{f_i A_i}{f_s A_s} \times \frac{m_s}{m} \times 100\% \tag{7-19}$$

内标物需满足的要求：内标物应是样品中不存在的纯物质；内标物不与试样发生化学反应；内标物与被测物的保留时间相近但又能完全分开（$R \geq 1.5$），即 t_R 相差较小。

内标法的准确性较高，操作条件和进样量的稍许变动对定量结果的影响不大，适用于微量组分的测定，应用广泛。但每个试样的分析都要进行两次称量，不适合大批量试样的快速分析。

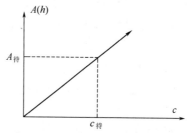

图 7-5　标准曲线图

（3）外标法　外标法也称为标准曲线法。当样品中各组分不能完全流出，又没有合适内标时，可采用此法。将待测组分的纯物质配制不同浓度的系列标准溶液，在相同操作条件下定量进样，测定系列标样的峰面积 A 或峰高 h，绘制 A-c 曲线或 h-c 曲线（图 7-5）。在完全相同条件下，测待测样品，根据 $A_待$ 或 $h_待$，从曲线上查出待测组分含量。

外标法不使用校正因子，不需要所有组分出峰，准确性较高，但操作条件的变化对结果准确性影响较大，对进样量的准确性控制要求较高，适用于大批量试样的快速分析。

习题

一、填空题

1. 按流动相的物态可将色谱法分为_____和_____。前者的流动相为_____，后者的流动相为_____。
2. 按照固定相的物态不同，可将气相色谱法分为_____和_____，前者的固定相是_____，后者是将高_____的_____固定在载体上作为_____。
3. 描述色谱柱效能的指标是_____，柱的总分离效能指标是_____。
4. 按照分离过程的原理可将色谱法分为_____法、_____法、_____法等。

二、选择题

1. 俄国植物学家茨维特用石油醚为冲洗剂，分离植物叶子的色素时采用（　　）。
   A. 液-液色谱法　　　　　　　B. 液-固色谱法
   C. 凝胶色谱法　　　　　　　D. 离子交换色谱法
2. 理论塔板数反映了（　　）。
   A. 分离度　　　　　　　　　B. 分配系数
   C. 保留值　　　　　　　　　D. 柱的效能
3. 根据范第姆特方程式，在低流速情况下，影响柱效的因素主要是（　　）。
   A. 传质阻力　　　　　　　　B. 纵向扩散
   C. 溶解能力小的涡流扩散　　D. 固定液膜厚度
4. 在液相色谱中，提高柱效最有效的途径是（　　）。
   A. 减小填料度　　　　　　　B. 适当升高柱温
   C. 降低流动相的流速　　　　D. 降低流动相的黏度
5. 假如一个溶质的分配比为 0.10，它分配在色谱柱的流动相中的质量分数是（　　）。
   A. 0.10　　　　　　　　　　B. 0.90
   C. 0.91　　　　　　　　　　D. 0.99
6. 如果试样中各组分无法全部出峰或只要定量测定试样中某几个组分，那么应采用下列定量分析方法中哪一种为宜？（　　）
   A. 归一化法　　　　　　　　B. 外标法
   C. 标准工作曲线法　　　　　D. 内标法

7. 用色谱法进行定量分析时,要求混合物中每一个组分都出峰的是(   )。
   A. 外标法　　　　　　　　　B. 内标法
   C. 归一化法　　　　　　　　D. 内加法

8. 某组分在色谱柱中分配到固定相的质量为 m_A,分配到流动相中的质量为 m_B,而该组分在固定相中的浓度为 c_A,在流动相中的浓度为 c_B,则该组分的分配系数为(   )。
   A. m_A/m_B　　　　　　　　B. $m_A/(m_A+m_B)$
   C. c_A/c_B　　　　　　　　D. c_B/c_A

9. 衡量色谱柱选择性的指标是(   )。
   A. 分离度　　　　　　　　　B. 容量因子
   C. 相对保留值　　　　　　　D. 分配系数

10. 色谱法中用于定量的参数是(   )。
    A. 保留时间　　　　　　　　B. 相对保留值
    C. 半峰宽　　　　　　　　　D. 峰面积

三、计算题

1. 在测定苯、甲苯、乙苯、邻二甲苯的峰高校正因子时,称取的各组分的纯物质质量,以及在一定色谱条件下所得色谱图上各组分色谱峰的峰高分别如下:

组分	苯	甲苯	乙苯	邻二甲苯
质量/g	0.5967	0.5478	0.6120	0.6680
峰高/mm	180.1	84.4	45.2	49.0

求各组分的峰高校正因子,以苯为标准。($f_{甲苯}=1.959$;$f_{乙苯}=4.087$;$f_{邻二甲苯}=4.115$)

2. 已知物质 A 和 B 在一根 30.0cm 长的柱上的保留时间分别为 16.40min 和 17.63min,不被保留组分通过该柱的时间为 1.30min,峰底宽为 1.11min 和 1.21min,试计算:
   (1) 柱的分离度;(1.06)
   (2) 柱的平均塔板数;(3445)
   (3) 塔板高度。($8.7×10^{-3}$cm)

3. 用甲醇作内标,称取 0.0573g 甲醇和 5.8690g 环氧丙烷试样,混合后进行色谱分析,测得甲醇和水的峰面积分别为 $164mm^2$ 和 $186mm^2$,校正因子分别为 0.59 和 0.56。计算环氧丙烷中水的质量分数。(1.05%)

4. 测定试样中一氯乙烷、二氯乙烷和三氯乙烷的含量。用甲苯作内标,甲苯质量为 0.1200g,试样质量为 1.440g。校正因子及测得的峰面积如下:

组分	甲苯	一氯乙烷	二氯乙烷	三氯乙烷
A_i/cm^2	1.08	1.48	1.17	1.98
f'_i	1.00	1.15	1.47	1.65

计算各组分的质量分数。(13.1%　13.3%　25.2%)

5. 对只含有乙醇、正庚烷、苯和乙酸乙酯的某化合物进行色谱分析，其测定数据如下：

化合物	乙醇	正庚烷	苯	乙酸乙酯
A_i/cm^2	5.0	9.0	4.0	7.0
f'_i	0.64	0.70	0.78	0.79

计算各组分的质量分数。(17.6%　34.7%　17.2%　30.5%)

四、简答题

1. 说明容量因子的物理含义及与分配系数的关系。色谱分离的前提是什么？
2. 什么是塔板理论？它对色谱的贡献和它的局限性是什么？

第八章
气相色谱法

> **学习目标**
>
> 1. 了解气相色谱仪的组成系统及作用；
> 2. 熟悉气相色谱仪常用检测器的结构、工作原理和应用；
> 3. 理解气相色谱仪固定相的作用、固定液的分类、操作条件的选择；
> 4. 了解毛细管柱的特点和类型。

气相色谱法（gas chromatography，GC）是以气体为流动相的色谱法，主要用于分离分析易挥发的物质。气相色谱法是英国生物化学家、诺贝尔奖获得者马丁和辛格在研究液-液分配色谱的基础上，于1952年创立的一种极为有效的分离方法。近年来，由于各种固定相、毛细管柱的发展，以及计算机技术在气相色谱中的应用，气相色谱法得到了更加广泛的应用。目前，在药物分析中，它已成为一种有关杂质检查、原料药和制剂的含量测定、中草药成分分析、药物的纯化、制备等重要的手段。

气相色谱法能够被广泛应用，主要有以下特点：

（1）分离效能高　气相色谱柱具有较高的分离效能，能在短时间内分离分析组成极复杂而又难以分离的混合物，如沸点接近的化合物、各种异构体（如光学异构体）等。

（2）灵敏度高　由于使用了高灵敏度检测器，可以检出 $10^{-13} \sim 10^{-11}$ g 的极微量的物质。

（3）样品用量少　试样量在 1mg 以下，甚至在 1ng 以下，但不适用于非均质的固体分析。

（4）分析速度快，操作简便　气相色谱法从进样到获得色谱图所需时间通常为 5～30min，某些快速分析，甚至只需几秒钟。试样分离和分析可一次完成。目前，大部分气相色谱仪操作及数据处理完全自动化，使分析达到了简单、快速。

（5）应用范围广　适用于常温常压下为气体和热稳定性好、高温下可汽化的物质。对难汽化的物质，如高级脂肪酸可先行酯化，或对高分子化合物先热解，均可分析。与液相色谱等方法有很好的互补性。据统计，能用于气相色谱法直接分析的有机物约占全部有机物的 20%。

气相色谱法的不足之处在于不能直接分析在操作温度下不易挥发或易分解的物质，同时由于色谱法的局限性，不能对未知样品直接进行定性分析，需要用其他分析方法辅助或配合才能实现。

第一节 气相色谱仪

气相色谱仪是完成气相色谱分离分析的一种装置。自从 1954 年 Perkin-Elmer 公司率先推出世界第一台商品气相色谱仪以来，现在气相色谱仪无论是在数量上还是质量上都有了很大的发展，主要集中在开发智能软件、增强数据处理功能以及与其他谱仪联用的技术等方面。尽管气相色谱仪型号、种类繁多，但各类仪器的基本原理、结构都是相似的，一般都由气路系统、进样系统、分离系统、检测系统、记录系统、温度控制系统组成。如图 8-1 所示。

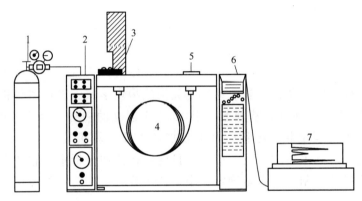

图 8-1 气相色谱仪基本结构示意图
1—气源；2—气路系统；3—进样系统；4—分离系统；
5—检测系统；6—温度控制系统；7—记录系统

一、气路系统

包括气源、气体净化器、气体流速控制和测量器。气体从载气瓶经减压阀、流量控制器和压力调节阀，然后通过色谱柱，由检测器排出，形成气路系统。整个系统应保持密封，不能有气体泄漏。

(1) 载气　载气是气相色谱用的流动相，最常用的载气是氦气、氢气、氮气。载气的性质、净化程度及流速对色谱分离效能、检测器的灵敏度、操作条件的稳定性有很大影响。至于选用何种载气，主要取决于选用的检测器和其他一些具体因素。

(2) 载气的净化　净化载气的目的是保证基线的稳定性及提高仪器的灵敏度。净化程度主要取决于使用的检测器及分析要求。对一般检测器，可用一根装有硅胶、分子筛、活性炭的净化管，对载气进行净化，载气经过时可以除去微量水及油等。

（3）流速控制　在气相色谱中对流速控制要求很高，主要是保证操作条件的稳定性。由稳压阀、针阀、稳流阀相互配合以完成流速的精确控制。

二、进样系统

进样系统包括进样器和汽化室两部分，其作用是让液体试样在进入色谱柱前瞬间汽化，然后快速定量地加到色谱柱中。进样量的大小、进样速度和试样的汽化速度都会影响色谱的分离效果、分析结果的准确性和重现性。

（1）进样器　进样通常采用微量注射器或进样阀将样品引入。根据样品的状态不同，可以选择不同的进样方式。微量注射器适用于将液体样品注射进汽化室。对于气体样品，一般使用旋转式或推拉式六通阀进样。样品首先充定量管，切入流路后，载气携带定量管中的样品气体进入色谱柱。对于固体样品，一般是溶解在适当的溶剂中，配成合适的溶液，按液体样品进样。目前的气相色谱仪可配有自动进样器。

（2）汽化室　汽化室的作用是将液体样品瞬间汽化而不分解，汽化时间长引起峰形扩张。因此对汽化室的要求是：体积小，热容量大，对样品无催化效应。

三、分离系统

气相色谱的分离系统是色谱柱，它由柱管和装填在其中的固定相等所组成。色谱柱是色谱仪的核心部件，决定了色谱的分离性能。按色谱柱粗细可分为填充色谱柱和毛细管色谱柱两类。

（1）填充色谱柱　是指在柱内均匀、紧密填充固定相颗粒的色谱柱，一般内径为 $2 \sim 4 mm$，长度 $1 \sim 10 m$。填充柱的形状有 U 形和螺旋形两种，材料可由金属或玻璃管制成。

（2）毛细管色谱柱　毛细管色谱柱柱管为毛细管，材质为玻璃或石英。内径一般为 $0.1 \sim 0.5 mm$，长度 $30 \sim 100 m$，呈螺旋形。

四、检测系统和记录系统

气相色谱检测系统通常由检测器组成，检测器是一种指示测量各组分及其浓度变化的装置。这种装置把组分及其浓度变化以不同方式转换成易于测量的电信号。根据检测原理的差别，气相色谱检测器可分为浓度型和质量型两类。浓度型检测器测量的是载气中组分浓度的瞬间变化，即检测器的响应值正比于组分的浓度，如热导检测器（TCD）、电子捕获检测器（ECD）。质量型检测器测量的是载气中所携带的样品进入检测器的速度变化，即检测器的响应信号正比于单位时间内组分进入检测器的质量，如氢火焰离子化检测器（FID）和火焰光度检测器（FPD）。

记录系统是一种能自动记录并处理由检测器输出的电信号的装置，以对试样进行定性、定量分析。记录系统包括放大器、记录仪和色谱数据处理机等。一般色谱图约于 30min 内记录完毕。

五、温度控制系统

由于气相色谱的流动相为气体，试样仅在气态时才能被载气携带通过色谱柱。因而，温度控制系统主要控制色谱柱、汽化室、检测室三处的温度。同时温度直接影响色谱柱的选择分离、检测器的灵敏度和稳定性，因此从进样到检测都必须控制温度。一般情况下，汽化室的温度比柱温高 10～50℃。

色谱柱的温度控制方式有恒温和程序升温两种。对于沸点范围很宽的混合物，一般采用程序升温法进行。程序升温是指在一个分析周期内柱温随时间由低温向高温作线性或非线性变化，以达到用最短时间获得最佳分离的目的。

第二节 气相色谱的固定相

气相色谱分离是在色谱柱中完成的，而分离效果主要取决于柱中固定相的性质。气相色谱所用的固定相主要有固体固定相、液体固定相、聚合物固定相三类，对于不同的分离对象，需要根据它们的性质选择合适的固定相。

一、固体固定相

固体固定相一般是表面具有一定活性的固体颗粒，主要有吸附剂、高分子多孔微球和化学键合相等，主要用于惰性气体、H_2、O_2、N_2、CO、CO_2 等一般气体及低沸点有机物的分析。特别是对烃类异构体的分离具有很好的选择性和较高的分离效率。其缺点是吸附等温线常常为非线性，所得的色谱峰往往不对称，只有当试样量很小时，才会有对称峰；另外，重现性差。由于在高温下常具有催化活性，因而不宜分析高沸点和有活性组分的试样。

（1）吸附剂 常用石墨化炭黑、硅胶、氧化铝、分子筛等。多用于永久性气体及分子量较低的化合物的分离分析，在药物分析上远不如高分子多孔微球用途广。

（2）高分子多孔微球 高分子多孔微球是一种人工合成的新型固定相。该固定相有如下优点：无有害的吸附活性中心，极性组分也能获得正态峰；无流失现象，柱寿命长；具有强疏水性能，特别适于分析混合物中的微量水分；粒度均匀，机械强度高，具有耐腐蚀性能；热稳定性好，最高使用温度为 200～300℃。

（3）化学键合相 化学键合相是新型气相色谱固定相，具有分配与吸附两种作用，传质快、柱效高、分离效果好、不流失、柱寿命长，但价格较贵。

二、液体固定相

液体固定相是将固定液均匀涂渍在载体上而成的，故可分为固定液和载体两部分。液体固定相因具有较高的可选择性而受到普遍重视。

1. 固定液

（1）对固定液的要求 固定液一般为高沸点的有机物，能做固定相的有机物必须具备下列条件：

① 热稳定性好，在操作温度下不出现聚合、分解或交联等现象，且有较低的蒸气压，以免固定液流失。通常，固定液有一个最高使用温度。

② 化学稳定性好，固定液与样品或载气不能发生不可逆的化学反应。

③ 固定液的黏度和凝固点低，以便在载体表面能均匀分布。

④ 各组分必须在固定液中有一定的溶解度，否则样品会迅速通过柱子，难于使组分分离。

（2）固定液的分类　目前用于气相色谱的固定液有数百种，一般按其化学结构类型和极性进行分类，方法各有利弊。按官能团分类便于了解固定液的类别，可由结构相似出发来选择固定相，同样也便于寻找同类替代品。而按极性分类的方法可根据被测物极性的大小来查阅，方便地寻找极性相似的固定液作替代品。在实际应用中，若样品较为简单，按官能团类别来选择固定液较为方便。

2. 载体

载体是固定液的支持骨架，使固定液能在其表面上形成一层薄而匀的液膜，以加大与流动相接触的表面积。载体的特点主要有：①具有多孔性，即比表面积大；②化学惰性，即不与试样组分发生化学反应，但要具有较好的浸润性；③热稳定性好；④具有一定的机械强度，使固定相在制备和填充过程中不易粉碎。

载体大致可分为硅藻土类和非硅藻土类。硅藻土类载体是天然硅藻土经煅烧等处理后而获得的具有一定粒度的多孔性颗粒。非硅藻土类载体品种不一，如有机玻璃微球、聚四氟乙烯、高分子多孔微球载体等。这类载体常用于极性样品和强腐蚀性物质 HF、Cl_2 等的分析。但由于表面非浸润性，其柱效低。

硅藻土载体是目前气相色谱中常用的一种载体，按其制造方法不同分为红色载体和白色载体。

红色载体因含少量氧化铁颗粒呈红色而得名。其机械强度大，孔径小（约 $2\mu m$），比表面积大（$4m^2/g$），表面吸附性较强，有一定的催化活性，适用于涂渍高含量固定液，分离非极性化合物。

白色载体是天然硅藻土在煅烧时加入少量碳酸钠之类的助熔剂，使氧化铁转化为白色的铁硅酸钠。白色载体的比表面积小（$1m^2 \cdot g^{-1}$），孔径较大（$8\sim9\mu m$），催化活性小，适用于涂渍低含量固定液，分离极性化合物。

三、聚合物固定相

聚合物固定相主要是以苯乙烯或乙基苯乙烯为单体，二乙烯基苯为交联剂共聚而成的。它既是一种性能优良的吸附剂，可直接作为固定相使用，也可作为载体在表面涂固定液后使用。聚合物固定相的特点主要有：

① 能控制其孔径大小及表面性质；

② 聚合物固定相颗粒是均匀的圆球，色谱容易填充均匀，机械强度高，可获较高管柱效率，重现性好；

③ 由于在直接用作固定相时，无液膜存在，也就无流失问题，可获得稳定的基线，有利于大幅度程序升温操作，用于宽沸点的样品的分离；

④ 与烃类的亲和力极小，基本上是按分子量顺序分离，适合样品中水含量的测定；

⑤ 耐腐蚀，能用来分离活泼性气体，如 HCl、HCN、Cl_2、SO_2、NH_3 等。

第三节　气相色谱检测器

检测器是将流出色谱柱的载气中被分离组分的浓度或质量的变化转换为电信号变化的装置。色谱仪的灵敏度高低主要取决于检测器性能的好坏。

一、检测器的主要技术指标

对检测器性能的要求主要有以下几个性能指标：灵敏度高；检出限低；死体积小；响应迅速；线性范围宽和稳定性好。通用性检测器要求适用范围广；选择性检测器要求选择性好。

(1) 噪声和漂移　在无样品通过检测器时，由仪器本身及工作条件等偶然因素引起的基线起伏波动称为噪声。噪声的大小用噪声带（峰-峰值）的宽度来衡量。基线随时间朝某一方向的缓慢变化称为漂移，通常用1h内基线水平的变化来表示。

(2) 灵敏度　又称响应值或应答值。它是指单位物质的含量（质量或浓度）通过检测器时所产生的信号变化率。浓度型检测器用 S_c 表示，质量型检测器用 S_m 表示。

(3) 检测限　又称敏感度。信号被放大器放大时，使灵敏度增高，但噪声也同时放大，弱信号仍难以辨认。因此评价检测器不能只看灵敏度，还要考虑噪声的大小。检测限综合灵敏度与噪声来评价检测器的性能。其定义为某组分的峰高为噪声的两倍时，单位时间内载气引入检测器中该组分的质量（或浓度）。

二、热导检测器

热导检测器（TCD）是利用被检测组分与载气热导率的差别来响应的浓度型检测器，具有结构简单、测定范围广、稳定性好、线性范围宽、样品不被破坏等优点，因此在气相色谱中得到广泛的应用，但缺点是灵敏度低，一般适宜作常量分析。

(1) 结构　热导检测器的信号检测部分为热导池，热导池由金属池体（铜块或不锈钢制成）和装入池体内两个完全对称孔道内的热敏元件组成。为提高灵敏度，热敏元件一般选用电阻率高、电阻温度系数大、机械强度高、对各种成分都呈现惰性的钨丝、铼钨丝等制成，其特点是它的电阻随温度的变化而灵敏地变化。

(2) 工作原理　热导池电路采用惠斯登电桥形式，利用一个孔道内的热敏元件

作为参比臂 R_1，另外一个孔道内的热敏元件作为测量臂 R_2，在安装仪器时，挑选配对钨丝使 $R_1=R_2$。参比臂接在色谱柱前，只有载气通过；测量臂接在色谱柱后，除有载气通过外，还有经色谱柱分离后的组分气体随载气通过。R_1、R_2 与两个阻值相等的固定电阻 R_3 和 R_4 构成惠斯登电桥，如图 8-2 所示。调节电路电阻值使电桥处于平衡状态，即 $R_1R_4=R_2R_3$，此时无信号输出，记录仪上记录的是一条直线。

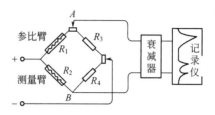

图 8-2 热导检测器工作原理示意图

通电后热敏元件温度发生改变。当热导池两臂只有载气通过时，两臂发热量和载气所带走的热量均相等，故两臂温度变化恒定，R_1 与 R_2 阻值的改变量 ΔR_1 与 ΔR_2 是相等的。此时电桥平衡，没有电流输出，因此没有信号产生，记录仪上记录的是一条直线。当参比臂只通过载气，而测量臂有载气和样品通过时，参比臂和测量臂热导率不同，测量臂温度及电阻发生改变，此时 ΔR_1 与 ΔR_2 不相等，则电桥失去平衡，有电信号产生，记录仪上出现色谱峰。

由此可见，热导池检测器的测量是根据被测组分和载气的热导率不同进行的。当通过热导池池体的气体组成及浓度发生变化时，引起热敏元件温度的改变，由此产生的电阻值变化通过电桥检测，其信号大小和组分浓度成正比。

（3）注意事项

① 氢气和氦气热导率大，灵敏度较高，不会出倒峰，是最常用的载气。氢气价格便宜，但使用时应注意安全；氦气价格较高。氮气的热导率与多数有机物的热导率相差较小，灵敏度低，有时出倒峰。

② 不通载气时不能加桥电流，否则热敏元件会烧断。在灵敏度够用的情况下，应尽量采取低桥电流，以防止热敏元件受损而引起基线噪声的增加。

③ 热导检测器属于浓度型检测器，进样量一定时，峰面积与载气流速成反比。因此，用峰面积定量时，应保持载气流速恒定。

④ 检测器温度不能低于柱温。一般检测室温度应高于柱温 20~50℃，以防止样品组分在检测室中冷凝，引起基线不稳。

三、氢火焰离子化检测器

氢火焰离子化检测器（FID）是利用有机物在氢火焰的作用下，化学电离而形成离子流，借测定离子流强度进行检测，具有结构简单、灵敏度高（能检出 ng/mL 级痕量有机物）、稳定性好、线性范围宽等优点，是目前应用最广泛的检测器。其缺点是检测时样品容易被破坏，一般只能测定含碳化合物，对火焰中不电离的物质，如惰性气体、O_2、N_2、CO、CO_2、H_2O、H_2S 等，因不能生成或很少生成离子流，而不能用此检测器直接测定。

（1）结构　FID 结构简单，主要部件是一个由不锈钢制成的离子室。离子室由一对电极（收集极和极化极）、气体入口、火焰喷嘴、两极间加有 150~300V 的极化电压等组成的，如图 8-3 所示。

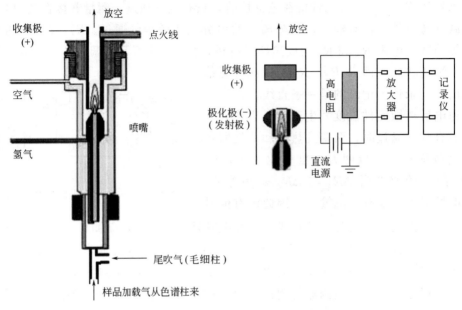

图 8-3　氢火焰离子化检测器结构示意图

（2）工作原理　在离子室底部，被测组分被载气携带，与氢气混合后，通过喷嘴进入离子室，与空气混合点燃，形成约 2100℃ 的高温火焰，使被测有机物电离成正负离子，在氢火焰附近设有收集极（正极）和极化极（负极），在此两极之间加有 150～300V 的极化电压。产生的离子在收集极和极化极的外电场作用下定向运动而形成电流。离子流强度与进入检测器中组分的量及分子中的含碳量有关。当没有物质通过检测器时，氢气在空气中燃烧生成的离子极少，基流很低，一般只有 10^{-12}～10^{-11} A。当被测物质通过检测器时，火焰中形成的离子增多，电流急剧增大，可达 10^{-7} A。电流大小与单位时间内进入离子化室的被测组分质量成正比，通过高电阻取出信号，经放大后用记录仪记录。因此在组分一定时，测定电流（离子流）强度可以对组分进行定量。

化学电离理论能较好地解释烃类的离子化机制。该理论认为有机物在氢火焰中先形成自由基，而后与氧产生正离子，再与水反应生成水合氢离子，由这些离子形成的离子流产生电信号。

（3）注意事项

① 氢火焰离子化检测器需要使用三种气体，氮气作载气，氢气作燃气，空气是助燃气。三种气体流量比例要适当，否则会影响火焰温度及组分的电离过程。通常三者比例是氮气∶氢∶空气为 1∶（1～1.5）∶10。

② 氢火焰离子化检测器属于质量型检测器，在进样量一定时，峰高与载气流速成正比。因此，当用峰高定量时，需保持载气流速恒定。

③ 极化电压：氢火焰中生成的离子只有在电场作用下才能向两极定向运动形成电流，因此极化电压的大小直接影响响应值。极化电压低，电流信号小；当极化电压增大到一定值时，再增大电压，则对电流几乎无影响。一般选用的极化电压为150～300V。

第四节　操作条件的选择

一、载气及其流速选择

1. 载气种类的选择

载气种类的选择应考虑三个方面：载气对柱效的影响、检测器要求及载气性质。可用作载气的气体较多，如氢气、氦气、氩气、氮气和二氧化碳等，应用最多的是氢气、氮气和氦气。

（1）氢气　用作载气的氢气，其纯度要求在99.99％以上。氢气易燃、易爆，在使用时应特别注意。由于氢气的分子量小、热导率大、黏度小等特点，因此在使用热导检测器时，常采用它作为载气。在氢火焰离子化检测器中，氢气是必用的燃烧气。氢气的来源除氢气高压钢瓶外，还可以采用由电解水原理得到氢气的氢气发生器。

（2）氮气　用作载气的氮气纯度也要求在99.99％以上。氮气的扩散系数小，因此可以得到较高的柱效，常用作除热导检测器外的其他几种检测器的载气。氮气热导率小，使热导检测器的灵敏度较低，不宜采用。

（3）氦气　热导率大，黏度小，使用安全，可用于热导和氢火焰离子化检测器。

2. 载气流速的选择

根据范第姆特方程，载气及其流速对柱效能和分析时间有明显的影响。根据范第姆特方程式：$H = A + \dfrac{B}{u} + Cu$，用在不同流速下测得的塔板高度（$H$）对流速（$u$）作图，得 H-u 曲线，如图8-4所示。

在曲线的最低点，塔板高度（H）最小，此时柱效最高，该点所对应的流速即为最佳载气流速，在实际分析中，为了缩短分析时间，往往是载气流速稍大于最佳流速。

从图8-4可看出，当载气流速较小时，纵向扩散项（B/u）是色谱峰扩张的主要因素，为减小纵向扩散，应采用分子量较大的

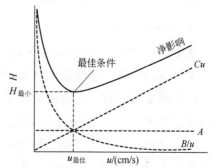

图8-4　板高-流速曲线

载气，如氮气、氩气；当载气流速较大时，传质阻力项（Cu）为控制因素，此时则宜采用分子量较小的载气，如氢气或氦气。另外，选择载气时还要考虑不同检测器的适应性。

二、柱温的选择

柱温是一个重要的操作变数，直接影响分离效能和分析速度。选择柱温的根据是混合物的沸点范围、固定液的配比和鉴定器的灵敏度。提高柱温可缩短分析时间；降低柱温可使色谱柱选择性增大，有利于组分的分离和色谱柱稳定性提高，柱寿命延长。一般采用等于或高数十摄氏度于样品的平均沸点的柱温为较合适，对易挥发样品用低柱温，不易挥发的样品采用高柱温。

（1）柱温和固定液配比、保留值间的关系　当保留值保持不变，降低固定液含量，就可以降低柱温。降低柱温又使色谱柱选择性增大，而选择性增大则达到一定分离度所需塔板数降低，从而有利于难分离物质对的分离。

降低固定液含量可以降低柱温的另一个优点是，对于高沸点试样，可以在较低柱温下分析，这就使可供选用的高温固定液的数目增加了，色谱柱的稳定性也由于柱温的降低而增加。但是固定液含量过低，柱温过低，易引起色谱峰的前伸或拖尾。

（2）柱温和柱效、分析时间的关系　提高柱温有利于提高柱效能。柱温的倒数与保留值的对数呈线性关系，因此升高柱温可缩短分析时间。

（3）柱温和试样沸点间的关系　柱温和试样沸点间的关系，主要依据固定液的最低最高温度极限和色谱仪的温度使用范围。可通过固定液含量来调节柱温的高低。对于高沸点混合物（沸点 300～400℃），可用低固定液含量 1％～3％ 的色谱柱，在 200～250℃ 柱温下分析。对于沸点不太高的混合物（沸点 200～300℃），固定液含量 5％～10％，在 150～200℃ 柱温下分析。对于沸点在 100～200℃ 的混合物，柱温可选在其平均沸点 2/3 左右，固定液含量 10％～15％。对于气体、气态烃等低沸点混合物，固定液含量一般在 15％～25％ 之间。

三、载体和固定液含量的选择

1. 载体的选择

载体性能的优劣对样品的分离起着重要的作用，实际工作中主要依据分析对象、固定液的性质和涂渍量来选择载体。

（1）固定液　当固定液的涂渍量大于 5％ 时，可以选用白色或红色硅藻土载体；若涂渍量小于 5％，则应选用处理过的硅烷化载体。

（2）分析对象　当样品为酸性时，最好选用酸性载体，样品为碱性时用碱性载体。对于高沸点组分，一般选用玻璃微球载体，分析强腐蚀性组分时应选用氟载体。

常用的载体粒度一般在 80~100 目范围，为提高柱效也可使用 100~120 目。

2. 固定液含量的选择

固定液的极性直接影响组分与固定液分子间作用力的类型和大小，因此对于给定的待测组分，固定液的极性是选择固定液的重要依据。一般可以根据"相似性原则"，即按被分离组分的极性或官能团与固定液相似的原则来选择。由于分离组分和固定液的极性或官能团等性质相似，它们之间的相互作用力较强，组分在固定液中的溶解度大，分配系数也大，保留值大，待测组分分开的可能性也大。

① 分离非极性物质，一般选用非极性固定液，组分与固定液分子间的作用力是色散力。这时各组分按沸点顺序流出色谱柱，沸点低的组分先出峰。若试样中有极性组分，相同沸点的极性组分先流出色谱柱。

② 分离中等极性物质，选用中等极性固定液，分子间作用力为诱导力和色散力。基本上仍按沸点顺序流出色谱柱，但对沸点相同的极性与非极性组分，极性组分后出柱。

③ 分离极性物质，选用极性固定液，分子间作用力主要为静电力。组分按极性顺序流出色谱柱，非极性组分先流出色谱柱。

④ 对于能形成氢键的试样，如醇、酚、胺和水等的分离，可选择氢键型固定液，它们之间的作用力是氢键力。这时试样中各组分按与固定液分子形成氢键的能力大小先后流出，不易形成氢键的化合物先流出色谱柱。

利用"极性相似"原则选择固定液时，还要注意混合物中组分性质差别情况，若分离非极性和极性混合物，一般选用极性固定液。分离沸点差别较大的混合物，一般选用非极性固定液。

第五节　毛细管柱色谱

毛细管柱色谱是 1957 年由美国学者戈雷（Golay）在填充柱色谱的基础上提出的，它的出现是气相色谱发展中的一个重要里程碑，使传统的填充柱在分离速率和分析速度两方面都提高到一个新的水平，对于分析复杂的有机混合物样品，如石油化工、环境污染、天然产品、生物样品、食品等方面开辟了广阔的前景，已成为色谱学科中一个独具特色的分支。

一、毛细管柱的特点和类型

1. 毛细管柱的特点

毛细管色谱柱内径一般只有 0.1~0.50mm，长度可达 100m，甚至更长，空心。虽然每米理论板数与填充柱相近，但可以使用 50~100m 的柱子，使总理论板数可达 10 万~30 万。因此与填充柱相比，其显著的特点是柱容量小、柱效高、柱渗透率大。

(1) 柱容量小　毛细管柱的体积相对比较小，只有几毫升，固定液含量只有几十毫克，因此柱容量小，进样量也小，可以采用分流进样。

(2) 柱效高　一根毛细管色谱柱的理论塔板数最高可达 10^6，最低也有几万，而填充柱仅为几千。柱效高的原因主要是：无涡流扩散项、传质阻力小及比填充柱长。毛细管柱一般为 30~100m，但填充柱一般为 2~6m。

(3) 柱渗透率大　毛细管柱一般是开管柱或空心柱，柱的阻力较小，可以在较高的载气流速下进行快速分析。

由于进样量甚微，因此，毛细管柱定量重复性差，常用于分离和定性分析，而不适合进行定量分析。

2. 毛细管柱的类型

毛细管柱一般由均匀的金属管、玻璃管或石英管制成。根据它的制备方法，毛细管色谱柱可分为开管型毛细管柱和填充型毛细管柱。

(1) 开管型毛细管柱　开管型毛细管柱按内壁的状态可分为以下几类：

① 涂壁层毛细管柱（WCOT）　将固定液直接涂在毛细管内壁上。

② 载体涂渍开管柱（SCOT）　将非常细的固体微粒粘接在管壁上，再涂固定液。柱效较 WCOT 柱高。

③ 多孔层毛细管柱（PLOT）　在毛细管内壁上附着一层多孔固体。其特点是容量大、柱效高。

④ 化学键合或交联柱　将固定液通过化学反应键合在管壁上或交联在一起，使柱效和柱寿命进一步提高。这是目前应用最广的毛细管色谱柱。

(2) 填充型毛细管柱　将载体、吸附剂等均匀但松散地装入玻璃管中，然后拉制成毛细管。

二、毛细管柱色谱系统

毛细管柱和填充柱的色谱系统基本上是一样的。但由于毛细管柱内径很细，柱容量很小，色谱峰流出很快、很窄，因此对色谱仪的进样系统、色谱柱连接、尾吹、检测器有些特殊的要求。

1. 进样系统

毛细管气相色谱的发展主要取决于毛细管柱的制作和进样系统。现在多采用分流进样技术。一般气相色谱的汽化室体积为 0.5~2mL，而毛细管色谱分离的载气流量只有 0.5~2mL·min^{-1}，载气将样品全部冲洗到色谱柱中需要 0.25~4min，这样会导致严重的峰展宽，影响分离效果。而且毛细管柱的柱容量低，通常只能进样几纳升的样品，用微量注射器无法准确进样，分流进样器就是为毛细管气相色谱进样而专门设计的。

2. 色谱柱连接

为了减小色谱系统的死体积,毛细管柱和进样器的连接应将色谱柱伸直,插入分流器的分流点,色谱柱出口直接插入检测器内。

3. 尾吹

由于毛细管柱载气流速低,进入检测器后发生突然减速,会引起色谱峰展宽,为此,在色谱柱出口加一个辅助尾吹气,以加速样品通过检测器。当检测池体积较大时,尾吹更是必要的。

4. 检测器

各种气相色谱检测器都可使用,不过最常用的为灵敏度高、响应速度和死体积小的氢火焰离子化检测器,也可和各种微型化的气相色谱检测器匹配。

GC 法测定冠心苏合丸有效成分的含量

色谱条件与系统适用性试验 以聚乙二醇(PEG)-20M 为固定相,涂布浓度为 10%,柱温为 140℃。理论板数按十五烷峰计算应不低于 1200。

校正因子测定 取正十五烷适量,用醋酸乙酯溶解并制成每 1mL 含 7mg 的溶液,作为内标溶液。另取冰片对照品约 10mg,精密称定,置 5mL 量瓶中,精密加入内标溶液 1mL,加醋酸乙酯至刻度,摇匀,取 1μL 注入气相色谱仪,计算校正因子,即得。

测定法 取冠心苏合丸 10 丸,精密称定,研细,精密加入等量硅藻土,研匀。精密称取适量(约相当于冰片 12mg),置具塞试管中,精密加入内标溶液 1mL 与醋酸乙酯 4mL,密塞,振摇使冰片溶解,静置,取上清液 1μL,注入气相色谱仪,测定,即得。

合格的冠心苏合丸每丸含冰片以龙脑($C_{10}H_{18}O$)和异龙脑($C_{10}H_{18}O$)的总量计,应为 80.0~120.0mg。

参见《中国药典》

一、填空题

1. 气相色谱法是以_____为流动相的色谱法,主要用于分离分析_____的物质。

2. 气相色谱仪一般由 _____、_____、_____、_____、_____、_____组成。

3. 气相色谱仪的气路系统包括 _____、_____、_____、_____。

4. 气相色谱法常用的载气主要有 _____、_____、_____。

5. 液体固定相中载体大致可分为 _____、_____ 两类。

6. 毛细管柱的特点主要有 _____、_____、_____。

二、选择题

1. 气相色谱定性的依据是（   ）。
   A. 物质的密度　　　　　　　　B. 物质的沸点
   C. 物质在气相色谱中的保留时间　D. 物质的熔点

2. 气相色谱记录系统中色谱图记录完毕的时间大约为（   ）。
   A. 5min 内　　　　　　　　　B. 10min 内
   C. 20min 内　　　　　　　　D. 30min 内

3. 汽化室温度要求比柱温高（   ）。
   A. 50℃　　　　　　　　　　B. 100℃
   C. 200℃　　　　　　　　　D. 200℃以上

4. 汽化室的作用是将样品瞬间汽化为（   ）。
   A. 固体　　　　　　　　　　B. 液体
   C. 气体　　　　　　　　　　D. 水汽

5. 在气相色谱法中，氢火焰离子化检测器优于热导检测器的方面为（   ）。
   A. 装置简单化　　　　　　　B. 灵敏度
   C. 适用范围　　　　　　　　D. 分离效果

6. 热导检测器最常用的气体为（   ）。
   A. 氮气　　　　　　　　　　B. 氢气
   C. 氧气　　　　　　　　　　D. 二氧化碳

7. 目前在气相色谱中应用最广泛的检测器为（   ）。
   A. 热导检测器　　　　　　　B. 氢火焰离子化检测器
   C. 电子捕获检测器　　　　　D. 火焰光度检测器

8. 在气相色谱中氢火焰离子化检测器主要测定的对象为（   ）。
   A. 通用型　　　　　　　　　B. 无机物
   C. 有机物　　　　　　　　　D. 小分子化合物

9. 氢火焰离子化检测器需要使用氮气作载气，氢气作燃气，空气是助燃气，氮气、氢气、空气三种气体流量比例为（   ）。
   A. 1∶(1～1.5)∶1　　　　　B. 1∶(1～1.5)∶5
   C. 1∶(1～1.5)∶10　　　　D. 1∶(1～1.5)∶20

10. 毛细色谱柱优于填充色谱柱的方面有（   ）。

A. 气路简单化　　　　　　　　B. 灵敏度
C. 适用范围　　　　　　　　　D. 分离效果

三、简答题

1. 气相色谱仪由哪几部分组成？各组成部分的作用是什么？
2. 气相色谱分析常用的载气有几种？纯度有何要求？
3. 衡量检测器性能的指标有哪些？

第九章
高效液相色谱法

> **学习目标**
> 1. 理解和掌握高效液相色谱仪的基本结构、功能和特点;
> 2. 了解高效液相色谱法的分类及应用。

以高压液体为流动相的液相色谱分析法称为高效液相色谱法(HPLC)。早在1903年液相色谱法(liquid chromatography,LC)就已经发明,但其初期发展比较慢,在液相色谱普及之前,纸色谱法、气相色谱法和薄层色谱法是色谱分析法的主流。到了20世纪60年代后期,将气相色谱的理论与技术应用到液相色谱上来,使液相色谱得到了迅速的发展。特别是填料制备技术、检测技术和高压输液泵性能的不断改进,使液相色谱分析实现了高效化和高速化。这种分离效率高、分析速度快的液相色谱就被称为高效液相色谱法(high performance liquid chromatography,HPLC)。

由于高效液相色谱法具有分离效能高、选择性好、灵敏度高、分析速度快、适用范围广(样品不需汽化,只需制成溶液即可)、色谱柱可反复使用的特点,在《中国药典》中有50种中成药的定量分析采用该法,已成为中药制剂含量测定最常用的分析方法。

 案例

HPLC测定地黄中梓醇($C_{15}H_{22}O_{10}$)含量

色谱条件与系统适用性试验 用十八烷基硅烷键合硅胶为填充剂;乙腈-0.1%磷酸水溶液(1:99)为流动相;检测波长为210nm。

对照品溶液的制备 精密称取在五氧化二磷减压干燥器中干燥24h的梓醇对照品适量,加流动相制成每1mL含100μg的溶液,即得。

供试品溶液的制备

(1)生地黄 取经80℃减压干燥24h,再磨成粉后的本品粉末(过3号筛)0.4g(同时另取上述粉末测定水分),精密称定,置具塞锥形瓶中,精密加入甲醇20mL,加热回流提取1.5h,放冷,滤过,收集滤液于25mL量瓶中,用甲醇 15mL 分次洗涤，洗液并入量瓶中，加甲醇至刻度，摇匀。精密量取 10mL，浓缩至近干，残渣用流动相溶解，移至 10mL 量瓶中，并用流动相稀释至刻度，摇匀，即得。

（2）鲜地黄　取鲜地黄 4.0g（切成小块），精密称定，置匀浆机中，加入甲醇 100mL，搅拌成浆液，移至具塞锥形瓶中，用甲醇 50mL 冲洗匀浆机，洗液并入浆液，加热回流提取 1.5h，放冷，滤过，收集滤液于 250mL 量瓶中，用甲醇 150mL 分次洗涤，洗液并入量瓶中，加甲醇至刻度，摇匀。精密量取 10mL，浓缩至近干，残渣用流动相溶解，移至 10mL 量瓶中，并用流动相稀释至刻度，摇匀，即得。

测定法　分别精密吸取对照品溶液与供试品溶液各 10μL，注入液相色谱仪，测定，即得。

生地黄按干燥品计算，含梓醇（$C_{15}H_{22}O_{10}$）不得少于 0.2％；鲜地黄按干燥品计算，含梓醇（$C_{15}H_{22}O_{10}$）不得少于 4.0％。

参见《中国药典》

第一节　高效液相色谱仪

高效液相色谱仪由高压输液系统、进样系统、分离系统和检测系统四个主要部分组成。其基本工作流程：样品由进样器自进样口注入后随流动相流经色谱柱完成组分分离。分离后的组分随流动相离开色谱柱进入检测器，检测器将检测到的信号输给记录器或其他数据处理装置。

高效液相色谱仪典型结构示意如图 9-1 所示。

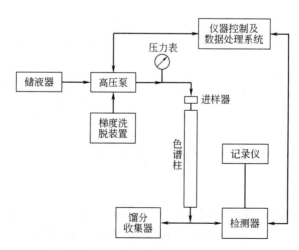

图 9-1　高效液相色谱仪典型结构示意图

一、高压输液系统

高效液相色谱仪输液系统包括储液瓶、脱气装置、高压输液泵、梯度洗脱装置等。

1. 储液瓶

储液瓶用于存放流动相。储液瓶材料要耐腐蚀,对所存放的流动相呈化学惰性。常用的材料为玻璃、不锈钢或表面喷涂聚四氟乙烯的不锈钢等。储液瓶的容积一般为 0.5~2L,应可用于存放足够量的流动相,确保重复测定时的需要,以完成分离分析的任务。储液瓶应配有溶剂过滤器,以防止流动相中的颗粒进入泵内。溶剂过滤器一般用耐腐蚀的镍合金制成,空隙大小一般为 2mm。

2. 脱气装置

流动相使用前需要先脱气。脱气的目的是为了防止流动相从高压柱内流出时,释放出气泡进入检测器而使噪声剧增,甚至不能正常检测。脱气方式有吹氦脱气、超声波脱气、真空脱气等。

(1) 吹氦脱气　氦气经由一个圆筒过滤器通入流动相中,在 49.03kPa(0.5kgf·cm^{-2}) 压力下保持大约 15min,氦气的小气泡可将溶解在流动相中的空气带出。该方法简便,且适于各种流动相的脱气。

(2) 超声波脱气　将装有流动相的容器置于超声波清洗仪中,以水为介质进行超声脱气,一般超声 30min 即可达到脱气的目的。该法方便,易操作,且不影响流动相的组成。

(3) 真空脱气　在线真空脱气系统如图 9-2 所示,其原理是将流动相通过一段由多孔性合成树脂模制造的输液管,该输液管外有真空容器,真空泵工作时,膜外侧被减压,分子量较小的 O_2、N_2 以及 CO_2 就会从膜内侧进入膜外而被脱去。

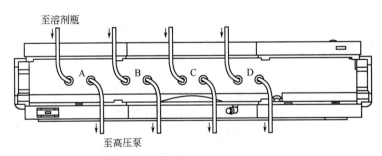

图 9-2　在线真空脱气系统

3. 高压输液泵

高压输液泵是高效液相色谱仪的重要组成部分,提供流动相和样品通过色谱柱、进入检测器所需的动力,其性能好坏直接影响分析结果的可靠性。高压输液泵应流量稳定,以保证重复测定结果的重复性和定量定性分析的精度;输出压力高,最高输出压力为 50MPa；流量范围宽，可在 $0.01\sim10\text{mL}\cdot\text{min}^{-1}$ 范围任选；耐酸、碱、缓冲液腐蚀；压力波动小；死体积小。

在高效液相色谱仪中所采用的高压输液泵，按排液性质可分为恒压泵（如气动放大泵）和恒流泵（如往复柱塞泵）。

气动放大泵如图 9-3 所示，其特点是制备容易，输液时压力稳定无脉动。但是流量调节不方便，在柱系统流路阻力发生变化时，流量也随之改变。这种泵很少用于梯度洗脱。

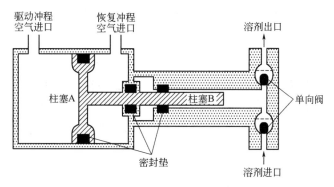

图 9-3 气动放大泵结构示意图

往复柱塞泵如图 9-4 所示，是目前高效液相色谱仪使用最广泛的。其工作原理是：电动机带动凹轮转动，驱动柱塞在液缸内往复运动。当柱塞向前运动时，流动相输出，流向色谱柱；柱塞向后运动，将流动相吸入缸体；前后往复运动，流动相源源不断输送至色谱柱。柱塞往复泵的特点是流量不受柱阻等因素影响，易于调节控制流量；液缸容积小，便于清洗和更换流动相等。但是它的输液脉动较大，常采用串联柱塞泵并加脉冲阻尼器以克服脉冲。由于这种泵的柱塞往复式运动频率高，对密封环的耐磨性、单向阀的刚性及精度要求都很高。

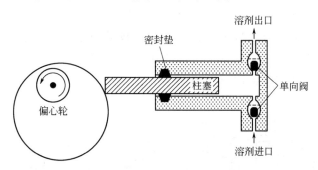

图 9-4 往复柱塞泵结构示意图

4. 梯度洗脱装置

高效液相色谱法的洗脱方式分为等度洗脱和梯度洗脱两种。等度洗脱是在同一分析周期内流动相的组成保持恒定，适合于组分少、性质差别小的样品。梯度洗脱是在同一个分析周期内，利用两种或两种以上的溶剂，按照一定时间程序连续或阶段地改变配比浓度，以改变流动相极性、离子强度或 pH 值等。梯度洗脱可以改善峰形、缩短分析时间、提高分离度等，其缺点是易引起基线漂移和重现性降低。当分析一个多组分且性质差别大的复杂样品时，用等度洗脱时间太长，且后出的峰形扁平不便检测时，可以使用梯度洗脱的方式使分离变得更加容易。

梯度洗脱分为高压梯度洗脱（内梯度洗脱）和低压梯度洗脱（外梯度洗脱）。

(1) 高压梯度洗脱　高压梯度洗脱是用泵（通常要两台泵）将溶剂预先加压之后输入色谱系统的梯度混合室，进行混合后再输送至色谱柱。

(2) 低压梯度洗脱　低压梯度洗脱是在常压下预先按一定程序将溶剂混合后，再用泵输入色谱系统。

二、进样系统

进样系统的作用是将样品输送进色谱柱。对进样器的要求是：密封性好、死体积小、重复性好、进样时对色谱系统的压力和流量影响小、便于自动化。有进样阀和自动进样装置两种。一般高效液相色谱仪常用带有定量管的六通阀，如图 9-5 所示。

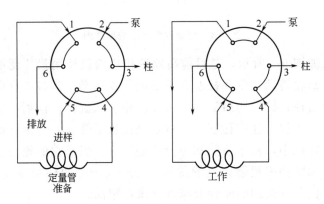

图 9-5　六通进样阀结构示意图

较先进的仪器带有自动进样装置，有利于数量较多的样品的自动进样。自动进样器在程序控制器或微机控制下可自动完成取样、进样、清洗等一系列操作。操作者只需将样品瓶按顺序装入即可。如图 9-6 所示。

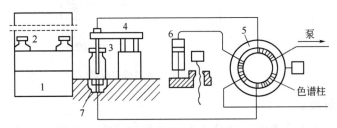

图 9-6　坐标式自动进样装置结构示意图

1—坐标式贮样架；2—样品瓶；3—取样针；4—取样升降机；
5—方式切换阀；6—吸样泵；7—取样针插入口

三、分离系统

色谱柱是高效液相色谱仪的重要部件，由柱管和固定相组成，起着分离的作用。色谱柱的柱管通常为内壁抛光的不锈钢管，几乎全为直型，能承受高压，对流动相呈化学惰性。按主要用途可分为分析型色谱柱和制备型色谱柱。常用分析型色谱柱内径为 2～5mm，长为 10～30cm。实验室制备型色谱柱的内径为 20～40mm，柱长 10～30cm。色谱柱如图 9-7 所示。

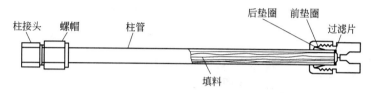

图 9-7　液相色谱柱结构示意图

> **最新发展**
>
> 新型的毛细管高效液相色谱柱是由内径只有 0.2～0.5mm 的石英管制成的。

色谱柱的装填对柱效影响很大，通常采用匀浆法填充，即先将填料用等密度的有机溶剂（如二氧六环和四氯化碳的混合液）调成匀浆，装入与色谱柱相连的匀浆罐中，然后用泵将匀浆压入柱管中。为了防止柱内的填料流出，在色谱柱的两端有烧结不锈钢或多孔聚四氟乙烯过滤片。装填好的色谱柱或购进的色谱柱，均应检查柱效，以评价色谱柱的质量。

> **实践总结**
>
> 安装色谱柱时应注意：装填好的柱子是有方向的。通常在柱子的管外用箭头标示出流动相方向。使用时，应使流动相的方向与柱子的填充方向一致。
>
> 实验结束后，要用经过滤和脱气的适当溶剂冲洗色谱柱，正相柱一般用正己烷，反相柱用甲醇。如果是使用过含酸、碱或盐的流动相，则有机相不变，将其水相改为同比例的纯水进行冲洗，再适当提高有机相比例冲洗，最后用甲醇冲洗封柱，每种溶剂一般冲洗约 20 倍柱体积，即常规分析需要 50～75mL。

四、检测系统

高效液相色谱仪中的检测器是通过将组分的量转变成为电信号，用于监测经色谱柱分离后的组分浓度的变化，并由工作站（或记录仪）绘出谱图来进行定性、定量分析的。理想的高效液相色谱检测器应具备灵敏度高、响应对流动相流量及温度变化都不敏感、死体积小、线性范围宽、适用范围广、重现性好的特点。

常用的检测器有紫外吸收检测器（UVD）、蒸发光散射检测器（ELSD）、示差折光检测器（RID）、荧光检测器（FLD）、电导检测器（ECD）和质谱检测器（MSD）。

1. 紫外吸收检测器

紫外吸收检测器（ultraviolet absorption detector，UVD）是高效液相色谱仪中使用最广泛的一种检测器。紫外检测器是通过测定样品在检测池中吸收紫外-可见光的大小来确定样品含量的，其吸光度与组分浓度的关系服从比尔定律。它具有以下特点：灵敏度较高，噪声低，最小检出量可达 $10^{-12} \sim 10^{-7}$ g，适合大多数药物的质量分析；为浓度型检测器；选择性检测器，仅对有紫外吸收的物质有响应；可用于制备，或与其他检测器串联使用；对温度和流动相流量波动不敏感，可用于梯度洗脱。

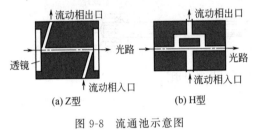

图 9-8 流通池示意图

紫外检测器主要有三种类型：固定波长型、可变波长型及二极管阵列检测器。目前使用最多的是可变波长型及二极管阵列检测器。

（1）可变波长型紫外检测器　可变波长型紫外检测器是目前高效液相色谱仪中配置最多的检测器，采用氘灯作光源，波长在 190~600nm 范围内可连续调节。其结构与一般的紫外分光光度计一致，主要差别是用流通池代替吸收池。常用 H 型和 Z 型流通池如图 9-8 所示。可变波长型紫外检测器工作光路如图 9-9 所示。

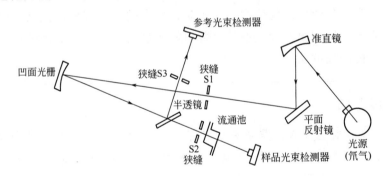

图 9-9　可变波长型紫外检测器工作光路示意图

（2）二极管阵列检测器　二极管阵列由 211 个光电二极管组成，每个二极管宽 50μm，各自完成一窄段的光谱测量。如图 9-10 所示，在这种检测器中，先使光源发出的紫外光或可见光通过样品流通池，被流动相中的样品组分进行选择性吸收，再通过入射狭缝进行分光，这样就使所得含有吸收信息的全部波长的光聚焦在阵列上同时被检测，并用电子学方法以及计算机技术对二极管阵列快速扫描采集数据，观察色谱柱流出物的各个瞬间的动态光谱吸收图，经计算机处理后可得到三维色谱-光谱图（图 9-11）。因此，可利用色谱保留值规律及光谱特征吸收曲线综合进行定性分析。同时还可以在色谱分离的同时，对每个色谱峰的指定位置实时记录吸收光谱图并进行比对，从而判断色谱峰的纯度以及分离状况。

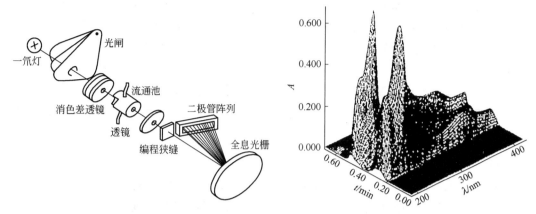

图 9-10 光电二极管阵列检测器光路图　　图 9-11 二极管阵列检测的三维色谱图

在目前的药品检验工作中，二极管阵列检测器在测定药物中的非法添加物的成分初步检测中，可利用色谱保留值规律及光谱特征吸收曲线综合进行定性分析。

> **案例**
>
> **牛黄解毒片中土大黄苷的补充检验方法**
>
> **色谱条件与系统适应性试验**　以十八烷基硅烷键合硅胶为填充剂；以乙腈-水（20∶80）为流动相；采用二极管阵列检测器；检测波长为328nm；流速 $1.0mL \cdot min^{-1}$；柱温：室温。理论板数按土大黄苷峰计算应不低于2500。
>
> **对照品溶液的制备**　取土大黄苷对照品适量，加甲醇制成每1mL含50μg的溶液，即得。
>
> **供试品溶液的制备**　取样品大片2片（小片3片），除去糖衣，研细，加乙酸乙酯20mL，加热回流30min，滤过，滤液蒸干，残渣加甲醇5mL使溶解，静置，取上清液作为供试品溶液。取供试品溶液1mL，稀释至10mL，摇匀，用微孔滤膜（0.45μm）滤过，取续滤液，即得。
>
> **测定法**　吸取对照品溶液及供试品溶液各10μL，注入液相色谱仪，记录色谱图。
>
> **结果判断**　供试品色谱中，应不得出现与对照品色谱保留时间相同的色谱峰。若出现保留时间相同的色谱峰，其在280～400nm波长范围的紫外-可见吸收光谱应与对照品不相同。
>
> 参见《中国药典》

2. 蒸发光散射检测器

蒸发光散射检测器（evaporative light scattering detector，ELSD）一般由三部分组成，即雾化器、加热漂移管和光散射池。样品经过色谱柱后流出，进入检测器的过程中，经历雾化、流动相蒸发和激光束检测三个步骤。流出色谱柱的流动相及组分首先进入雾化器形成微小液滴，与已通入的气体（常用高纯氮）混合均匀，经过加热的漂移管，使流动相蒸发而除去。样品组分在蒸发室内形成气溶胶，而后进入检测室，用强光或激光照射气溶胶而产生散射，测定散射光强而获得组分的浓度。

应用：理论上可用于挥发性低于流动相的任何样品组分的检测，但对于有紫外吸收的组分的检测灵敏度较低，因而主要用于糖类、高分子化合物、高级脂肪酸以及甾体类等几十类化合物。

3. 示差折光检测器

示差折光检测器（refractive index detector，RID）也称折射指数检测器，是通过连续监测参比池和测量池中溶液的折射率之差来测定试样浓度的检测器。样品在流动相中的浓度就是溶有样品的流动相和流动相本身之间的折射率之差。示差折光检测器一般按工作原理分为三种：反射式、偏转式、干涉式示差折光检测器。图 9-12 所示是一种偏转式示差折光检测器光路图。

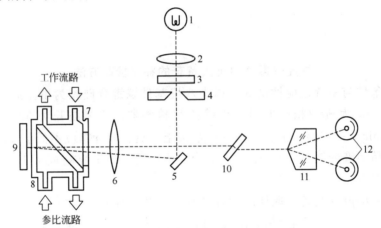

图 9-12　偏转式示差折光检测器光路图
1—光源；2—透镜；3—滤光片；4—遮光板；5—反射镜；6—透镜；
7—工作池；8—参比池；9—平面反射镜；10—透镜；11—棱镜；12—光电管

特点：通用性强，操作简单，但是灵敏度低，流动相的变化会引起折射率的变化，不适用于痕量分析，也不适用于梯度洗脱。

应用：原则上，凡具有与流动相折射率不同的样品组分，均可使用示差折光检测器。目前，糖类化合物的检测大多使用 RID。

4. 荧光检测器

荧光检测器（fluorescence detector，FLD）的原理是基于某些物质吸收一定波长的紫外光后能发射出荧光，荧光强度与荧光物质浓度的关系服从比尔定律。通过测定荧光强度对样品进行检测。荧光检测器需要比紫外检测器强的光源作激发光源。常采用氙灯作光源，可在 250～260nm 范围内发出强烈的连续光谱。图 9-13 为荧光检测器光路图。

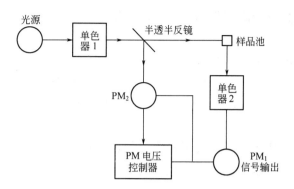

图 9-13 荧光检测器光路图

特点：灵敏度高，检测限可达到 10^{-10} g·mL^{-1}，选择性好，样品用量少。

应用：具有荧光的有机化合物（如多环芳烃、氨基酸、胺类、维生素和某些蛋白质等），都可用荧光检测法检测，适于药物及生化分析，但并非所有的物质都能产生荧光，因而其应用范围相对较窄。

5. 电导检测器

电导检测器（electrochemical detector，ECD）是根据电化学原理和物质的电化学性质进行检测的。电化学检测法可对那些在液相色谱中无紫外吸收或不能发出荧光但具有电活性的物质进行检测。若在分离柱后采用衍生技术，还可扩展到非电活性物质的检测。电化学检测器主要有安培检测器、极谱检测器、库仑检测器、电导检测器四种。前三种统称安培检测器，以测量电解电流的大小为基础，后者则以测量液体的电阻变化为依据。

特点：灵敏度高、专属性高。

应用：主要应用于复杂样品中痕量组分的选择测定，亦即较复杂生物样品中药物和其代谢物的测定。

6. 质谱检测器

质谱检测器（MS）将化合物打碎成离子和碎片离子，按其质荷比的不同进行分离测定。质谱是强有力的结构解析工具之一，它的应用范围广、灵敏度高、分析速度快，但仪器和实验成本很高，在一般性的实验中不太适宜。

第二节　高效液相色谱的类型

一、液-固吸附色谱

基于吸附效应，以固体吸附剂为固定相，以液体为流动相的色谱法，称为液-固吸附色谱法（liquid-solid adsorption chromatography，LSC）。

当流动相通过时，在固定相表面发生了溶质分子取代固定相上的溶剂分子的吸附作用。样品各个组分的分离取决于组分分子和固定相之间作用力的强弱，也取决于组分分子与流动相分子之间作用力的强弱。组分中的基团对固定相表面亲和力的大小,决定了它的保留时间的长短。

溶质分子官能团的极性决定了它在液固色谱中的保留顺序,对结构为 RX(X 为官能团)的混合物有:烷基＜卤素(F＜Cl＜Br＜I)＜醚＜硝基化合物＜腈＜叔胺＜酯＜酮＜醛＜醇＜酚＜伯胺＜酰胺＜羧酸＜碳酸。同系物的出峰非常接近,甚至出现重叠。

液固吸附色谱法适用于分离分子量中等的油溶性试样、具有不同极性官能团的化合物和异构体,缺点是易出现峰的拖尾现象。

实践总结

一般说来,溶质在浓度低时被吸附剂吸附得较牢固,浓度高时吸附作用相对减弱。因此,高浓度组分色谱峰的中心部位出现较早,而谱峰后面部分由于吸附较牢固而延迟流出,形成拖尾峰。为了得到较好的峰形,应选择较小的进样量。

理想的液-固吸附色谱固定相应具备以下特性:表面具有极性活性基团-吸附位点;形状最好为微米级微球形,粒径分布均匀;机械强度高;具有多孔性且比表面积大;化学性质稳定。液-固吸附色谱最常用的固定相是硅胶,其次是氧化铝,此外还有高分子多孔微球、分子筛及聚酰胺等。样品中组分分子与溶剂分子在固定相表面竞争吸附时,官能团极性大且数目多的组分有较大的保留值;反之,保留值小。

在液固吸附色谱中,流动相的选择依据主要是样品的极性。极性大的样品用极性大的流动相,极性小的样品用极性小的流动相。流动相的极性强度常用强度参数 $\varepsilon°$ 表示(详见表 9-1)。$\varepsilon°$ 是溶剂分子在单位固定相表面上的吸附自由能。$\varepsilon°$ 越大,表示流动相的极性越大。

表 9-1 以氧化铝为固定相吸附时,常用流动相的洗脱强度次序

溶 剂	$\varepsilon°$	溶 剂	$\varepsilon°$	溶 剂	$\varepsilon°$
氟代烷烃	−0.25	甲苯	0.29	乙酸乙酯	0.58
正戊烷	0.00	苯	0.32	乙腈	0.65
异辛烷	0.01	氯仿	0.40	吡啶	0.71
正庚烷	0.04	二氯甲烷	0.42	二甲亚砜	0.75
环己烷	0.04	二氯乙烷	0.44	异丙醇	0.82
四氯化碳	0.18	四氢呋喃	0.45	乙醇	0.88
二甲苯	0.26	丙酮	0.56	甲醇	0.95

液固吸附色谱中,一般以一种极性强的溶剂和一种极性弱的溶剂按一定比例混合来制成二元混合溶剂作为流动相。在实验进样前,为防止流动相的各组分分层,必须使流动相充分连续地流过柱子,直到进入柱内与流出柱外的流动相的组成相同。

液固吸附色谱,常用于分离极性不同的化合物。有些样品具有相同极性基团,

但是基团数量不同，固定相对其吸附能力不同，也可用液固吸附色谱来分离。异构体具有不同的空间排列方式，固定相对其吸附能力也不同，同样可以用液固吸附色谱法来分离。

二、液-液分配色谱

流动相和固定相均为液体，基于样品组分在固定相和流动相之间分配系数不同而分离的色谱法称为液-液分配色谱法（liquid-liquid chromatography，LLC）。

液-液分配色谱是依据样品在两种互不相溶的液体中溶解度的不同，具有不同的分配系数的原理进行分离的。样品进入色谱柱后，各组分按照各自的分配系数，在固定相和流动相之间达到分配平衡。由于分配系数不相同，各组分随流动相的迁移速度不相同，从而使样品中各组分得到分离。

液-液分配色谱的固定相由惰性载体和涂布在载体上的固定液组成。当样品为极性时，选择极性固定液和非极性流动相；当样品为非极性时，选择非极性固定液和极性流动相。常用的固定液有 β,β'-氧二丙腈（强极性）、聚乙二醇（中等极性）、角鲨烷（非极性）等。这一类的固定液优点是分离重现性好、样品容量高、分离的样品范围广。但是由于在洗脱过程中，固定液易被流动相带走，使得柱效能降低，大大地限制了该色谱法的应用，已经逐渐被化学键合相色谱所替代。

在液-液色谱中，除一般要求外，还要求流动相对固定相的溶解度尽可能小。因此，固定液和流动相的性质往往处于两个极端。例如当选择固定液是极性溶剂时，所选用的流动相则通常是极性很小的溶剂或非极性溶剂。这种以极性物质作固定相，非极性溶剂作流动相的液液分配色谱，被称为正相分配色谱，适合于分离极性化合物；反之，选用非极性物质为固定相，而极性溶剂为流动相的液-液色谱称为反相分配色谱，这种色谱方法适合于分离芳烃、稠环芳烃及烷烃等化合物。

三、化学键合相色谱

借助于化学反应的方法将有机分子以共价键连接在色谱担体（硅胶）上而获得的固定相称为化学键合相。以化学键合相为固定相，利用样品组分在化学键合相和流动相中的分配系数不同而得以分离的色谱法，称为化学键合相色谱法（bonded phase chromatography，BPC），简称键合相色谱。

键合相色谱法具有稳定性好、耐溶剂冲洗、使用周期长、柱效高、重现性好、可使用的流动相和键合相种类多、分离的选择性高等特点，因此在高效液相色谱的整个应用中占到了80%以上。

根据键合相与流动相极性的相对强弱，键合相色谱法分为正相键合相色谱法和反相键合相色谱法。

1. 正相键合相色谱法

正相键合相色谱（NBPC）中的固定相上键合了极性基团，如氰基（—CN）、氨基（—NH_2）、二羟基等，流动相是非极性或弱极性溶剂。该色谱法的固定相的极性比流动相极性强，适合分离溶于有机溶剂的极性至中等极性的分子型化合物。

其分离原理是：样品中的各组分在键合相和流动相之间进行分配，极性强的组分分配系数大，保留时间长，后被洗脱出来。

2. 反相键合相色谱法

反相键合相色谱（RBPC）中采用非极性键合相，如十八烷基硅烷、辛烷基硅烷等，有时也用弱极性或是中等极性的键合相。流动相则是水和一定量的与水互溶的极性调节剂组成，如甲醇、乙腈等。该色谱法的固定相极性比流动相极性弱，适合分离溶于有机溶剂的非极性至中等极性的分子型化合物。其分离原理是：利用非极性溶质分子或溶质分子中非极性基团与极性溶剂接触时产生排斥力，产生疏溶剂作用，促使溶质分子与键合相表面的非极性的烷基发生疏水缔合，而使溶质分子保留在固定相中。溶质分子的极性越弱，其疏溶剂作用越强，其保留时间越长，后出柱。当溶质分子的极性一定时，增大流动相的极性，溶质分子的疏溶剂作用也增强，其保留时间也变长；反之亦然。键合烷基碳链越长，其疏水性越强，与非极性溶质分子的缔合作用越强，保留时间越长；当碳链长度一定时，硅胶表面键合烷基的浓度越大，保留时间也越长。

四、离子交换色谱

以离子交换剂为固定相，以缓冲液为流动相，借助于试样中电离组分对离子交换剂亲和力的不同而达到分离离子型或可离子化的化合物的目的的方法称为离子交换色谱法（ion exchange chromatography，IEC）。

在离子交换色谱中，样品离子与离子交换剂上带固定电荷的活性交换基团之间发生离子交换，不同的样品离子对离子交换剂的亲和力不同，或者说相互作用不同，作用弱的溶质不易被保留，先从柱中被冲洗出来，反之，作用强的，保留较长，较晚淋洗出来。

离子交换色谱法主要用来分离离子或可离解的化合物，它不仅用于无机离子的分离，还用于有机物的分离，因此在生物化学领域中已得到广泛应用。

五、凝胶色谱

凝胶色谱法又叫空间排阻色谱法，是 20 世纪 60 年代初发展起来的一种快速而又简单的分离分析技术，是以表面具有不同大小（一般为几个纳米到数百个纳米）孔穴的凝胶为固定相，以有机溶剂为流动相或以水为流动相的色谱法。

溶质分子依靠自身体积大小的不同在固定相和流动相之间得以分离。样品进入色谱柱后，随流动相在凝胶外部间隙以及孔穴间通过。样品中的一些分子由于体积太大不能通过凝胶孔穴，直接离开色谱柱，首先被检测器接收出现在色谱图上；另外一些体积太小的分子可以进入凝胶空穴而渗透到颗粒中，这些组分经过色谱柱所需的时间最长，在色谱柱上的保留值最大，最后被检测器接收出现在色谱图上。

由于凝胶色谱法的分离原理的独特之处，它具有以下特点：①由于溶剂分子通常体积是非常小的，通过柱子的时间最长，最后被洗脱出来，故组分峰全部在溶剂的保留时间前出现，它们在色谱柱内停留的时间较短，因而柱内峰扩展小，得到的峰通常较窄，有利于进行检测；②固定相和流动相的选择简便；③分子量为100～8×10^{5}的任何类型化合物，只要在流动相中可溶，都可用凝胶色谱法进行分离。对于一些分子量连续变化的高聚物，凝胶色谱法可检测其分子量的分布情况。然而，由于方法本身的局限，凝胶色谱法只能分离分子量差别在10%以上的分子，而不能用来分离大小相似、分子量接近的分子，如异构体等。

凝胶色谱法广泛用来测定高聚物的分子量分布和各种平均分子量，可以分离从小分子至分子量达10^{6}以上的高分子，可以很容易地分离低分子量基体中的高分子量添加剂及反应物。例如对蛋白质、核酸、油脂、油类、添加剂等样品进行分离分析。但此方法要求样品中不同组分的分子量必须有较大的差别。

习题

一、选择题

1. 液液分配色谱法中的反相液相色谱法，其固定相、流动相和分离化合物的性质分别为（　　）。
   A. 极性、非极性和非极性　　　　　B. 非极性、极性和非极性
   C. 极性、非极性和极性　　　　　　D. 非极性、极性和离子化合物

2. 分配色谱法和化学键合相色谱法中，选择不同类别的溶剂（分子间作用力不同），以改善分离度，主要是（　　）。
   A. 提高分配系数　　　　　　　　　B. 增大容量因子
   C. 增加保留时间　　　　　　　　　D. 提高色谱柱柱效能

3. 在液相色谱中，梯度洗脱适用于分离（　　）。
   A. 异构体　　　　　　　　　　　　B. 沸点相近、官能团相同的化合物
   C. 沸点相差大的样品　　　　　　　D. 极性范围宽的样品

4. 高效液相色谱中属于通用型检测器的是（　　）。
   A. 紫外检测器　　　　　　　　　　B. 示差折光检测器
   C. 荧光检测器　　　　　　　　　　D. 电导检测器

5. 在液相色谱中，常用作固定相，又可用作键合相基体的物质是（　　）。
   A. 分子筛　　　　　　　　　　　　B. 硅胶
   C. 氧化铝　　　　　　　　　　　　D. 活性炭

6. 用十八烷基硅烷键合硅胶柱分离一有机弱酸混合物样品，以甲醇-水为流动相时，样品容量因子较小，若想使容量因子适当增加，较好的方法是（　　）。
   A. 增加流动相中甲醇比例　　　　　B. 增加流动相中水的比例
   C. 流动相中加入少量的醋酸　　　　D. 流动相中加入少量的氨水

7. 在反相键合色谱法中固定相与流动相的极性关系是（　　）。
   A. 固定相的极性＞流动相的极性　　B. 固定相的极性＜流动相的极性

C. 固定相的极性＝流动相的极性　　　D. 不一定，视组分性质而定

8. 下列哪种因素将使组分的保留时间变短？（　　）

A. 减慢流动相的流速

B. 增加色谱柱柱长

C. 反相色谱流动相为乙腈-水，增加乙腈比例

D. 正相色谱流动相为正己烷-二氯甲烷，增大正己烷比例

9. 在正相键合相色谱中，流动相常用（　　）。

A. 甲醇-水　　　　　　　　　　B. 烷烃加醇类

C. 水　　　　　　　　　　　　D. 缓冲盐溶液

10. 在液相色谱中，以缓冲液为流动相的是（　　）。

A. 离子交换色谱　　　　　　　B. 凝胶色谱

C. 化学键合相色谱　　　　　　D. 液-固吸附色谱

二、简答题

1. 在高效液相色谱中，为什么要对流动相进行脱气？常用的脱气方法有哪些？

2. 何谓梯度洗脱？适用于分析哪些样品？

3. 何谓化学键合固定相色谱法？它的优点是什么？

4. 正相色谱法和反相色谱法的区别是什么？各适合哪类物质的分离分析？

第十章
薄层色谱法

> **学习目标**
>
> 1. 掌握薄层色谱法基本原理，熟习固定相和展开剂的选择原则；
> 2. 掌握薄层色谱法的操作方法；
> 3. 了解薄层色谱法的定性和定量方法。

薄层色谱法（thin layer chromatography，TLC）是将细粉状的吸附剂或载体涂布于玻璃板、塑料板或铝箔上，形成一均匀薄层，经点样、展开与显色后，与适宜的对照物质在同一薄层板上所得的色谱斑点做比较，用于进行定性鉴别或含量测定的方法。薄层色谱法是色谱法中应用最广泛的方法之一，它具有以下特点：①分离能力强，斑点集中。②灵敏度高，几微克，甚至几十纳克的物质也能检出。③展开时间短，一般只需十至几十分钟；一次可以同时展开多个试样。④试样预处理简单，对被分离物质性质没有限制。⑤上样量比较大，可点成条状。⑥所用仪器简单，操作方便。

虽然薄层色谱法从仪器自动化程度、分辨率、重现性方面不如气相色谱法和高效液相色谱法，但由于薄层色谱法具有上述特点，特别是仪器简单，操作方便，用途广泛，因此在实际工作中仍是一种极有用的分离分析技术，已广泛应用于医药学各研究领域中，也适用于工厂、药房等基层实验室。

第一节 基本原理

按分离效能，薄层色谱法可分为经典薄层色谱法和高效薄层色谱法；按分离机制，薄层色谱法可分为吸附、分配、分子排阻色谱法和胶束薄层法，本节主要讨论吸附薄层色谱法。薄层色谱法一般用于定性分析，也能用于定量分析和样品的制备。

一、分离原理

在吸附薄层色谱法中，固定相主要是吸附剂，如硅胶、氧化铝等。其色谱过程是将混合组分的试样点在薄层板的一端，将薄板竖直放入一个盛有少量展开剂的封

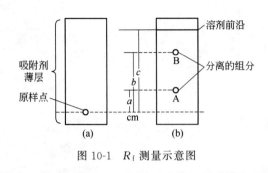

图 10-1 R_f 测量示意图

闭容器中。展开剂接触到吸附剂涂层，流动相借助毛细作用不断向上移动，使得组分与流动相和固定相的吸附平衡被破坏，即吸附的组分不断地被流动相解吸下来，解吸下来的组分立即溶解于流动相中并随之向上移动，当遇到新的固定相表面时，又与流动相展开吸附竞争并再次建立瞬间平衡。由于吸附剂对各组分具有不同的吸附能力，展开剂对各组分的溶解、解吸能力也不相同。因此在不断展开的过程中，各组分在两相吸附-解吸过程中行进速度不同，而最终被分离开来。吸附色谱对影响吸附能的构型差别很敏感，因此很适合于异构体的分离。

在薄层色谱法中，常用比移值 R_f 来表示各组分在色谱中的保留行为。比移值 R_f 的定义（见图 10-1）为：

$$R_f = \frac{\text{原点到斑点中心的距离}}{\text{原点到溶剂前沿的距离}} \tag{10-1}$$

$$R_f^A = \frac{a}{c} \qquad R_f^B = \frac{b}{c} \tag{10-2}$$

在给定条件下，R_f 值为常数，其值在 0～1 之间。当 R_f 值为 0 时，表示化合物在薄层上不随溶剂的扩散而移动，仍在原点位置；R_f 值为 1 时，表示溶质不进入固定相，即表示溶质和溶剂同步移动。R_f 值一般要求在 0.15～0.85 之间。

薄层色谱中，由于影响 R_f 值的因素很多，很难得到重复的 R_f 值。为此可采用相对比移值 R_s 代替 R_f 值，以消除系统误差。相对比移值 R_s 的定义为：

$$R_s = \frac{\text{原点到样品组分斑点中心的距离}}{\text{原点到对照品斑点中心的距离}} \tag{10-3}$$

用相对比移值 R_s 定性时，必须有参考物作对照。参考物可以是样品中某一组分，也可以是外加的对照品。R_s 值可以大于 1。

二、吸附剂（固定相）

在吸附薄层色谱法中，吸附剂的选择十分重要。吸附剂的选择应从两个方面考虑：被分离物质的性质（如极性、酸碱性、溶解度等）和吸附剂的吸附性能力的强弱。与吸附柱色谱法一样，若被分离的物质极性强，应选择吸附能力弱的吸附剂；若被分离的物质极性弱，则应选择吸附能力强的吸附剂。

吸附剂就其性质而论，可分为有机吸附剂（如聚酰胺、纤维素和葡聚糖等）和无机吸附剂（如氧化铝、硅胶、硅藻土、磷酸钙、磷酸镁和硅酸钙镁等）。最常用的吸附剂是硅胶、氧化铝和聚酰胺。

1. 硅胶

硅胶是薄层色谱中最常用的无机吸附剂，有 90% 以上的薄层分离都应用硅胶。

硅胶是具有硅氧交联结构，表面有许多硅醇基的多孔性微粒。硅胶表面带有的硅醇基（—Si—OH）呈弱酸性，通过硅醇基（吸附中心）与极性基团形成氢键而表现其吸附性能，由于各组分的极性基团与硅醇基形成氢键的能力不同而各组分被分离。水能与硅胶表面羟基结合成水合硅醇基而使其失去活性，但将硅胶加热至100℃左右，该水能可逆被除去而提高活度，故将此水称为自由水。硅胶的活性与含水量有关，含水量高，活度级数高，吸附力弱。若"自由水"含量达17%以上，则吸附能力极低。若将硅胶在105～110℃加热30min，则硅胶吸附力增强，这一过程称为"活化"（activation）。如果将硅胶加热至500℃，由于硅胶结构内的水（结构水）不可逆地失去，使硅醇基结构变成硅氧烷结构，吸附能力显著下降。硅胶的活度与含水量的关系见表10-1。

表 10-1 硅胶的活度与含水量的关系

硅胶含水量/%	活 度 级	氧化铝含水量/%	硅胶含水量/%	活 度 级	氧化铝含水量/%
0	I	0	25	IV	10
5	II	3	38	V	15
15	III	6			

薄层用的硅胶粒度为10～40μm。薄层色谱常用硅胶有硅胶 H、硅胶 G、硅胶 HF_{254} 等品种。硅胶 G 是硅胶和煅石膏混合而成的，硅胶 H 为不含黏合剂的硅胶，铺成硬板时需另加黏合剂。F_{254} 表示含有2%无机荧光物质，在254nm的紫外光照射下发出绿色荧光。用含荧光剂的吸附剂制成的荧光薄层板可用于本身不发光且不易显色的物质的研究。

硅胶的吸附性来源于它表面的硅醇基，由于硅醇基的解离作用，使硅胶呈微酸性，主要用于分离酸性、中性有机物。若在制备薄板时适当加入碱性氧化铝，或者在展开剂中加少量的酸或碱调成一定pH的展开剂，可改变硅胶的酸碱性质，适应不同物质分离的要求。

2. 氧化铝

氧化铝亦是一种常见的无机吸附剂，使用时一般可不加黏合剂，但有时也加煅石膏或羧甲基纤维酸钠（CMC-Na）等黏合剂。氧化铝和硅胶类似，有氧化铝 H、氧化铝 G、氧化铝 HFz 等型号。按制备方法，氧化铝又可分为碱性氧化铝、酸性氧化铝和中性氧化铝。碱性氧化铝制成的薄板适用于分离碳氢化合物、碱性物质（如生物碱）和对碱性溶液比较稳定的中性物质。酸性氧化铝适合酸性成分的分离。中性氧化铝适用于醛、酮以及对酸、碱不稳定的酯和内酯等化合物的分离。氧化铝的吸附性比硅胶弱，但它能显示出与硅胶不同的分离能力，因此某些在硅胶上不能分离的混合物，能在氧化铝上得到很好的分离，对于某些弱极性的物质如芳香烃类化合物，可使用活性大的氧化铝进行分离。值得注意的是，某些化合物在氧化铝上发生次级反应。

3. 聚酰胺

聚酰胺为有机吸附剂，聚酰胺分子内的酰氨基能与酚类、酸类、醌类及硝基化合物等形成氢键，由于这些化合物中酚羟基数目及位置的不同，而导致聚酰胺对其产生不同的吸附力，遂使其分离。

三、展开剂（流动相）

薄层色谱法中展开剂的选择直接关系到能否获得满意的分离效果，是薄层色谱法的关键所在。在吸附薄层色谱法中，选择展开剂的一般原则主要应根据被分离物质的极性、吸附剂的活性以及展开剂本身的极性来决定。

根据上述三个因素，现用图解来表示这三者之间的关系，如图 10-2 所示。当圆中的三角形 A 角指向极性物质，则 B 角就指向极性小的吸附剂，C 角就指向极性展开剂，依此类推。

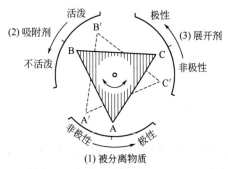

图 10-2 化合物的极性、吸附剂活度和展开剂极性间的关系

薄层色谱法中常用的溶剂，按极性由强到弱的顺序排列是：水＞酸＞吡啶＞甲醇＞乙醇＞丙醇＞丙酮＞乙酸乙酯＞乙醚＞氯仿＞二氯甲烷＞甲苯＞苯＞三氯乙烷＞四氯化碳＞环己烷＞石油醚。

选择展开剂时，除参照溶剂极性来选择外，更多地可采用试验的方法，在一块薄层板上进行试验：一般先选单一溶剂作展开剂，若所选展开剂使混合物中所有的组分点都移到了溶剂前沿，表明此溶剂的极性过强；若所选展开剂几乎不能使混合物中的组分点移动，留在原点附近，表明此溶剂的极性过弱。

当一种溶剂不能很好地展开各组分时，常选择用混合溶剂作为展开剂：先用一种极性较小的溶剂为基础溶剂展开混合物，若展开不好，可以加入一定量的丙酮、正丙醇、乙醇等极性强的溶剂与前一种溶剂混合，调整极性，再次试验，直到选出合适的展开剂为止。对普通酸性组分，特别是离解度较大的弱酸性组分，应在展开剂中加入一定比例的酸，可防止拖尾现象。展开剂中加入的酸性物质常有甲酸、乙酸、磷酸和草酸等。对碱性组分（如某些生物碱），多数情况是选用氧化铝为吸附剂，选用中性溶剂为展开剂。若采用硅胶为吸附剂，则展开剂中应加入一定比例的碱性物质，加入的碱性物质多为二乙胺、乙二胺、氨水和吡啶等；但对某些碱性较弱的生物碱可使用中性展开剂。

混合展开剂中，各溶剂起着不同的作用。例如，石油醚：丙酮：二乙胺：水（10：5：1：4）这个混合展开剂，其中石油醚可以降低展开剂的极性；丙酮起着调和水（极性）和石油醚（非极性）的作用及降低展开剂黏度的作用；二乙胺用来调整展开剂的 pH，使分离的斑点清晰集中。

为了在众多的溶剂中选择最佳展开剂的组成和配比，以实现最佳分离效果，许多学者对展开剂系统进行了优化研究。展开剂系统的优化是利用数学方法和计算机技术，选择优化因素，确定优化指标，通过合理的试验设计，以各种优化方法选择出最佳展开剂系统。

第二节 操作方法

一、制板

薄层铺板的厚度及均匀性对样品的分离效果和 R_f 值的重复性影响极大。以硅胶、氧化铝为固定相制备的薄板，一般厚度以 $250\mu m$ 为宜，若要分离制备少量的纯物质时，薄层厚度应稍大些，常用的为 $500\sim750\mu m$，甚至 $1\sim2mm$。薄层板分为软板与硬板。

1. 软板的制备

直接将吸附剂置于玻璃板上，涂铺成一均匀薄层便制成了一块软板。软板虽然简单方便，但易被吹散，现多用硬板。

2. 硬板的制备

硬板的制备需以下几个步骤。

（1）载板　多用玻璃板作为载板，也可用塑料膜和金属铝箔，要求表面光滑，平整清洁，没有划痕，使用前先把玻璃板用洗液浸泡或用肥皂水洗净，再用水清洗干净，最好用95%乙醇擦一次。烘干备用。

载板的规格根据载玻片的不同一般有 $4cm\times20cm$、$10cm\times20cm$、$20cm\times20cm$ 及 $2.5cm\times7.5cm$ 等几种。

（2）匀浆的制备　取一定量的吸附剂放入研钵中，以1份固定相加3份水的量在研钵中向同一方向研磨混合，去除表面的气泡后，研磨至浓度均一，此时呈胶状物，色泽洁白为佳。为防止由于搅拌带入气泡，可加入少量的乙醇。

制备匀浆时，为了增强板子的强度，有时需要加一些黏合剂。黏合剂除煅石膏外，还有羧甲基纤维素钠（CMC-Na）。0.25%~0.75%的羧甲基纤维素钠水溶液的配制方法是：称取适量 CMC-Na，加适量蒸馏水让其充分溶胀后再加热煮沸，直至完全溶解，放冷静置，在铺板时取其上清液使用。

（3）制板　分为手工铺板和机械铺板。

① 手工铺板

倾注法：将制得的匀浆立即倾入玻璃板上，倾斜薄层板，使吸附剂流至薄层板一侧，待吸附剂蓄积一定量后，再反向倾斜薄层板，使吸附剂回流，然后是另外两个方向，重复操作，然后再稍加振动，使载板薄层均匀。倾注法是最简单的铺板方法，缺点是在铺多块板时，板面的一致性差，只适用于定性和分离制备，不适于定量。

平铺法：在水平玻璃台面上放上所需玻璃板，两边用比载玻片厚 0.25mm 的长条玻璃板做框边。将调好的吸附剂糊倒在中间玻璃板上，用有机玻璃尺沿一定方向，均匀地一次将糊刮平，成一薄层。去掉两边的玻璃板，薄层板轻轻振动，即得均匀的薄层。所铺薄层的厚度可通过在中间的玻璃板下面垫塑料薄膜的方法来获得。

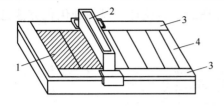

图 10-3 薄层板涂铺器
1—吸附剂薄层；2—涂铺器；3—玻璃夹板；4—玻璃板

② 机械铺板　涂铺器的种类较多，可用有机玻璃自制，也可用不锈钢材制作。图 10-3 是薄层板涂铺器示意图：将自制涂铺器洗净，把干净的载玻片在涂铺器中摆好，两边各夹一块比载玻片厚 0.25mm 的玻璃板，在涂铺器槽中倒入糊状物，将涂铺器自左向右推，即可将糊状物均匀地涂在玻璃板上。用涂铺器铺板，一次可铺成几块厚度均匀的板，具有较好的分离效果和重现性，可作定量分析用板。

（4）晾干　自然晾干。

（5）活化　将晾干的板子放在烘箱中于 105～110℃ 活化 0.5～1h，取出，放入干燥器中，备用。一般硅胶活化 1h，而氧化铝活化 30min 即可。

二、点样

溶解样品的溶剂、点样量和正确的点样方法对获得一个好的色谱分离非常重要。

溶解样品的溶剂要尽量避免用水，因为水易使斑点扩散，且不易挥发。一般用甲醇、乙醇、丙酮、氯仿等挥发性的有机溶剂，最好用与展开剂极性相似的溶剂，应尽量使点样后溶剂能迅速挥发，以减少色斑的扩散。水溶性样品可先用少量水使其溶解，再用甲醇或乙醇稀释定容。

适当的点样量可使斑点集中。点样量过大，易拖尾或扩散；点样量过少，不易检出。点样量的多少应视薄层的性能及显色剂的灵敏度而定，此外还应考虑薄层的厚度。

点样管可用内径约 0.5～1mm 的毛细管，管口应平整；定量点样可使用平头微量注射器或自动点样器。

点样前先用铅笔在距薄层底端 1.5～2.5cm 处画一横线，点样管吸取样品后，下端垂直地轻微接触薄层板表面的点样线，使斑点呈圆形。每次点样后，原点扩散的直径以不超过 2～3mm 为宜。若样品浓度较稀，可反复多点几次，每点一次可借助红外线或电吹风使溶剂迅速挥发。点样的体积要尽可能小些，约 2～10μL。多个样品在同一薄板的点样线上点样时，它们相互间隔应大于 15mm。点样不能距边太近，以避免边缘效应而产生误差。点样时间要短，避免薄板暴露在空气中时间过长而吸水降低活性。

三、展开

将点好样的薄板与流动相接触，使两相相对运动并带动样品组分迁移的过程称为展开。薄层板的展开需要在密闭的色谱缸（也可用标本缸或广口瓶等）中进行，如图 10-4 所示。先将一定量展开剂放在色谱缸中，盖上缸盖，让缸内溶剂蒸气饱和 5～10min。再将点好试样的薄层板样点一端朝下放入缸内，盖好缸盖，展开剂因毛细管效应而沿薄层上升，样品中组分随展开剂在薄层中以不同的速度自下而上移动而导致分离。特别要注意控制器皿中展开剂的量，切勿使样点浸入展开剂中。当展开剂前沿上升到样点上方 8～10cm 时取出薄层板，放平，铅笔标明溶剂前沿位置，冷风吹干溶剂。

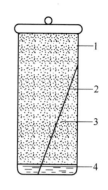

图 10-4 色谱缸示意图
1—色谱缸；2—薄层板；
3—展开剂蒸气；4—展开剂

展开剂的饱和度对分离效果影响较大，在饱和情况下，展开时间要比不饱和时的时间短，分离效果好，且可消除边缘效应。所谓边缘效应，是指展开时薄板边缘的 R_f 值高于中部的 R_f 值的现象。边缘效应主要是由于色谱槽中的不饱和状态和展开方式导致的。在展开过程中最好恒温恒湿，因为温度和湿度的改变都会影响 R_f 值和分离效果，降低重现性。尤其对活化后的硅胶、氧化铝板，更应注意空气的湿度，尽可能避免与空气多接触，以免降低活性而影响分离效果。

展开的方式多种多样，有上行法展开、下行法展开、径向展开等。对于复杂组分，常常采用双向展开、多次展开。

四、斑点定位

薄层色谱经过一段时间的展开后，对待测组分进行定性定量前都必须确定组分在薄层板上的位置，即定位。主要有以下几种定位方法。

1. 显色剂法

可将显色剂直接由喷雾器喷洒在硬板上，立即显色或加热至一定温度显色。除了喷雾法外，也可用浸渍法处理薄层：将薄层板的一端轻轻浸入显色剂中，待显色剂扩散到全部薄层；或者将薄层全部浸入到显色剂中，取出晾干使生成颜色稳定、轮廓清楚、灵敏度高的色斑。但浸渍法对软板不适用。

显色剂有通用型和专用型两种。通用型显色剂有碘、硫酸溶液、荧光黄溶液等。碘使许多化合物显色，如生物碱、氨基酸衍生物、肽类、脂类及皂苷等，它的最大特点是与物质的反应是可逆的，当碘升华挥发后，斑点便于进一步处理。硫酸能对大部分有机化合物显色，但它是破坏性显色剂。此外，挥发性的酸、碱，如盐酸、硝酸、浓氨水、乙二胺等蒸气也常用于斑点的检出。专用显色剂是指对某个或某一类化合物显色的试剂，如三氯化铁的高氯酸溶液可显色吲哚类生物碱；茚三酮则是氨基酸和脂肪族伯胺的专用显色剂。溴甲酚绿可显色羧酸类物质。各类化合物的显色剂可以在手册或色谱专著中查询。

2. 光学法

① 化合物本身是有色物质，在阳光下可直接看出斑点定位。
② 有些化合物能吸收某种波长的光，发射更长波长的光而显出不同颜色的荧

光斑点。先在日光下观察，找出色斑大概位置，然后在波长为 254nm 和 365nm 的紫外灯下观察，以紫外吸收或荧光色斑定位。

光学检出法方便且不会改变化合物的性质，但对光敏感的化合物要注意避光，并尽量缩短用紫外光照射的时间。

第三节 定性和定量方法

一、定性方法

定性分析通过显色等方法定位后，测出斑点的 R_f 值，与同块板上的已知对照品斑点的 R_f 值对比，R_f 值一致，即可初步定性该斑点与对照品为同一物质。然后更换几种展开系统，如 R_f 值仍然一致，则可得到较为肯定的定性结论。这种定性方法适用于已知范围的未知物。

由于 R_f 值重现性差，进行定性困难，因此也常采用相对比移值 R_s 来定性。

为了可靠起见，对未知物的定性，应将分离后的区带取下，洗脱后再用其他方法如紫外、红外光谱法进行进一步定性。

二、定量方法

由于受诸多因素的影响，很难控制色谱条件的一致性。例如，点样量的精确度，展开后斑点面积的规则程度和测定方法的精确度等，致使薄层色谱法的定量分析处于"半定量"或进行限量检查阶段。色谱的定量使用薄层色谱扫描仪等仪器直接测定较为准确，也可在分离后将斑点进行洗脱，再用紫外分光光度法、气相色谱法等仪器方法进行定量。

1. 目视比较法半定量

将不同量的对照品配成系列溶液和试样溶液定量地点在同一块薄层上展开，点样时要严格控制点样量，可使用微量点样器。显色后以目视法比较色斑的颜色深度和面积的大小，求出试样的近似含量。在严格控制操作条件下，色斑颜色和面积随溶质量的变化而变化。目视比较法分析的精密度可达 $\pm 10\%$。

2. 洗脱法进行定量

在薄层的点样线上，定量点上样品溶液，并在两边点上已知对照品作为定位标记。展开后，只显色两边的对照品。定位后，如为软板，可将薄板中间部位被测物质的区带用捕集器收集下来；如为硬板，可用工具将样品区带定量地取下，再以适当的溶剂洗脱后，用其他化学或仪器方法如重量法、分光光度法、荧光法等进行定量。在用洗脱法定量时，注意同时收集洗脱空白作为对照。

用于定量的薄层色谱，要求展开后的色斑集中，无拖尾现象。洗脱时，要选用对被测物有较大溶解度的溶剂浸泡，进行多次洗脱以达到定量洗脱目的。对一些吸附性较强而不易洗脱的组分，可以采用离心分离或过滤等方法定量洗脱。

3. 薄层扫描法

薄层扫描法（TLCS）系指用一定波长的光照射在薄层板上，对薄层色谱中有紫外或可见吸收的斑点或经照射能激发产生荧光的斑点进行扫描，将扫描得到的图谱及积分值色谱定量的方法。薄层扫描仪是为了适应薄层色谱的要求而直接专门对斑点扫描的一种分光光度计，其中双波长薄层色谱扫描仪是常用的一种，其结构与双光束双波长分光光度计相似，原理也相同。图 10-5 是其光学系统结构简图。

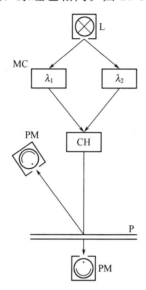

图 10-5　双光束双波长薄层扫描仪

L—光源；MC—单色器；CH—斩波器；P—薄层板；PM—光电检测器

从光源 L（氘灯、钨灯或氙灯）发出的光，经单色器 MC（由光栅和狭缝组成）分成两束不同波长的光 λ_1 和 λ_2。斩波器 CH 交替遮断这两束光，最后合在同一光路上，通过狭缝照到薄板 P 上。若反射测定时，光束照射到薄层板上斑点以前的光，一部分被石英窗板反射由监测光电管接收，另一部分照射到斑点，除部分光被样品吸收外，其散射光为反射用光电管所接收，两检测器输出信号之比经对数转换器转换后作为吸收度信号；若透射测定时，由透射光电管代替反射光电管，它的输出信号与监测光电倍增管的输出信号之比，经对数转换后得到透射测定的吸收度信号。此信号经仪器处理就可以得到轮廓线或峰面积。

两种波长的选择，可先对欲测斑点进行原位光谱扫描，根据斑点的吸收曲线选择其最大吸收峰波长作为测定波长 λ_S；选择斑点吸收光谱的基线部分即为该化合物无吸收的波长为参比波长 λ_R，如图 10-6 所示。

用双波长扫描，由于 λ_S 扫描所得测定

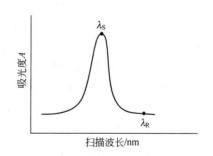

图 10-6　斑点的吸收光谱

λ_S—测定波长；λ_R—参比波长

值中减去了 λ_R 扫描测定值（斑点所在位置的空白薄层吸收值），薄层背景不均匀性得到了补偿，扫描曲线的基线较为平稳，测定精度得到改善。图 10-7 中显示了用 $\lambda_S=475$nm 和 $\lambda_R=678$nm 单波长扫描及 λ_S、λ_R 双波长扫描一些胡萝卜色素类化合物所得到的扫描曲线，由图可见，双波长扫描能显著改善基线的平稳。

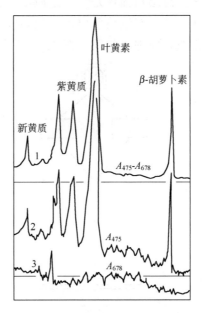

图 10-7 单波长扫描和双波长扫描比较
1—双波长扫描曲线；2,3—单波长扫描曲线

 案例

中药"三七"有效成分含量的测定

取三七粉末（过三号筛）0.5g，精密称定，置索氏提取器中，加乙醚适量，加热回流 1h，弃去乙醚液，药渣挥去乙醚，置于索氏提取器中，加甲醇适量，加热提取至甲醇无色，取甲醇提取液，挥干，残渣加甲醇使溶解，定量转移至 20mL 量瓶中，加甲醇至刻度，摇匀，作为供试品溶液。

另取人参皂苷 Rb1 及人参皂苷 Rg1 对照品适量，精密称定，加甲醇制成每 1mL 各含 0.5mg 的溶液，作为对照品溶液。按照薄层色谱法试验，精密吸取供试品溶液 2μL、对照品溶液 2μL 与 4μL，分别交叉点于同一硅胶 G 薄层板上，以氯仿-甲醇-水（13：7：2）10℃ 以下放置 12h 的下层溶液为展开剂，展开，取出，晾干，喷以 10%硫酸乙醇溶液，在 110℃ 加热至斑点显色清晰，取出，在薄层板上覆盖同样大小的玻璃板，周围用胶布固定，按照薄层色谱法（薄层扫描法）进行扫描，波长：$\lambda_S=510$nm，$\lambda_R=700$nm，测量供试品吸收度积分值与对照品吸收度积分值，计算，即得。

三七粉含人参皂苷 Rb1（$C_{54}H_{92}O_{23}$）和人参皂苷 Rg1（$C_{42}H_{72}O_{14}$）的总量不得少于3.8%。

参见《中国药典》

案例

薄层色谱扫描测定刺五加注射液中紫丁香苷的含量

刺五加注射液是由五加科植物刺五加提取加工精制而成的灭菌水溶液，具有平补肝肾、益精壮骨的作用，临床主要用于治疗各种心脑血管疾病。刺五加的主要活性成分为刺五加苷 A、B、B_1、C、D、E、F、G 等，其中以刺五加苷 B（紫丁香苷）活性成分为最高，药理作用明显，刺五加类药物的质量标准通常以紫丁香苷的含量来确定。

采用岛津 CS-930 型薄层色谱扫描仪，硅胶板 GF254，

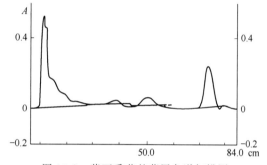

图 10-8　紫丁香苷的薄层色谱扫描图

精密称取紫丁香苷对照品适量，用甲醇配制成 0.02mg·mL^{-1} 和 1mg·mL^{-1} 的溶液，作为紫丁香苷对照品溶液。刺五加注射液作为紫丁香苷供试品溶液。结果表明，以乙酸乙酯-氯仿-甲醇（1:0.8:0.8）作展开剂，扫描波长为 266nm，分离效果好（如图10-8）。

案例

高效薄层扫描法测定蛛网膜下腔出血患者脑脊液中血小板活化因子

血小板活化因子（platelet：activating factor，PAF）是一种脂类介质。它是 1972 年由 Bemreniste 等研究白兔过敏反应过程中发现的。后来 Lindsberg 等研究兔的脊髓缺血组织发现，缺血神经组织的 PAF 水平比正常的高 20 倍，中枢神经组织尤其是缺血的神经组织亦可产生大量的 PAF。因此 PAF 与脑缺血之间的关系越来越受到重视。

采用岛津 CS-920 型薄层扫描仪；岛津 U-135C 型积分仪。高效硅胶 G 板；展开剂为 V(氯仿):V(甲醇):V(水)＝65:35:6，摇匀放置过夜，用下层液展开；显色剂：100g·L^{-1} 磷钼酸溶液；展开距 10cm；扫描波长 630nm；点样量 3μL。

蛛网膜下腔出血组：16 例（男 10 例，女 6 例）蛛网膜下腔出血（SAH）发病患者（诊断符合 1986 年全国脑血管会议标准，均经头颅 CT 扫描证实），发病后 1~3 天、7~10 天、14~21 天腰穿采集脑脊液 3mL，将采集的脑脊液立即离心，取上清液 1mL，加入甲醇 5mL 振摇，再次离心。离心后加入氯仿 4mL 和水 3mL 充分振摇，离心分出氯仿相，-20℃下保存。对照组：10 例（男 7 例，女 3 例）为同期住院手术的非神经系统疾病患者，无心、脑、肾、肺等疾病。腰麻时收集脑脊液，脑脊液处理的方法同上。薄层展开时，将真空抽干保存于-20℃下的样品标本用氯仿溶解，容量瓶定容。

在上述色谱条件下点样 3μL，薄层展开图及薄层扫描图见图 10-9。

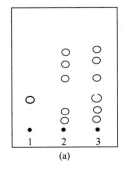

图 10-9　PAF 标准对照品（1）、对照组（2）和 SAH 患者脑脊液（3）
(a) 脑脊液薄层展开图；(b) 脑脊液薄层扫描图

图 10-9 中 1、2、3 依次为 PAF 标准对照品、对照组、蛛网膜下腔出血（SAH）发病患者脑脊液，展开行为良好，斑点边缘清晰，无拖尾现象。

习题

一、填空题

1. 薄层色谱中常用的吸附剂有_____、_____、_____。

2. 薄层色谱展开剂的选择原则是_____。

3. 薄层色谱的操作方法有_____、_____、_____、_____、_____、_____、_____。

4. 在薄层色谱中定性参数 R_f 值的数值在_____之间，而相对比移值 R_s 为_____。

5. 薄层色谱板的"活化"作用是_____、_____。

二、选择题

1. 使两组分的相对比移值发生变化的主要原因是（　　）。

A. 改变薄层厚度 B. 改变固定相粒度
C. 改变展开温度 D. 改变展开剂组成或配比

2. 下列说法哪些是错误的？（   ）

A. 两组分的分配系数之比为 1：2 时，在同一薄层板上，它们的 R_f 值之比为 2：1

B. 两组分的分配系数之比为 1：2 时，在同一薄层板上，它们容量因子之比为 2：1

C. 两组分的分配系数之比为 1：2 时，在同一薄层板上，它们 R_f 值之比为 3：2

D. 薄层色谱的 R_f 值，即为样品在展开剂中停留时间的分数

3. 试样中 A、B 两组分在薄层色谱中分离，首先取决于（   ）。

A. 薄层有效塔板数的多少 B. 薄层展开的方向
C. 组分在两相间分配系数的差别 D. 薄层板的长短

4. 在薄层色谱中，以硅胶为固定相，有机溶剂为流动相，迁移速度快的组分是（   ）。

A. 极性大的组分 B. 极性小的组分
C. 挥发性大的组分 D. 挥发性小的组分

5. 在平面色谱中跑在距点样原点最远的组分是（   ）。

A. 比移值大的组分 B. 比移值小的组分
C. 分配系数大的组分 D. 相对挥发度小的组分

6. 欲用薄层色谱法分离有机碱类试样，已知其 K_b 在 $10^{-4} \sim 10^{-6}$ 之间，应选择的展开剂为（   ）。

A. 正丁醇-醋酸-水 B. 氯仿-甲醇-氨水
C. 丙酮-乙酸乙酯-水 D. 正丁醇-盐酸-水

7. 薄层色谱中被分离组分与展开剂分子的类型越相似，组分与展开剂分子之间的（   ）。

A. 作用力越小，比移值越小 B. 作用力越小，比移值越大
C. 作用力越大，比移值越大 D. 作用力越大，比移值越小

8. 不可用作吸附薄层色谱法的吸附剂有（   ）。

A. 凝胶 B. 硅胶
C. 聚酰胺 D. 氧化铝

9. 薄层色谱中，使两组分相对比移值发生变化的主要原因是（   ）。

A. 改变薄层厚度 B. 改变展开剂组成或配比
C. 改变展开温度 D. 改变固定相种类

10. 薄层色谱中常用的通用型显色剂为（   ）。

A. 茚三酮试液 B. 荧光黄试液
C. 碘 D. 磷酸乙醇溶液

三、计算题

1. 已知 A 与 B 两组分的相对比移值为 1.5。当 B 物质在某薄层板上展开后，斑点距原点 8.3cm，溶剂前沿到原点的距离为 16cm，问若 A 在此板上同时展开，则 A 组分的展距为多少？A 组分的 R_f 值为多少？（12.4cm；0.78）

2. 化合物 A 在薄层板上从原点迁移 7.6cm，溶剂前沿距原点 16.2cm。（a）计算化合物 A 的 R_f 值。（b）在相同的薄层系统中，溶剂前沿距原点 14.3cm，化合物 A 的斑点应在此薄层板上何处？（0.47cm，6.72cm）

四、简答题

1. 硅胶中具有吸附活性的基团是什么？影响其吸附活性的因素是什么？
2. 如何选择硅胶薄层色谱的展开剂？
3. A、B 两组分试样所得数据如下表。

展开剂	R_f^A	R_f^B	结论
苯	0.45	0.42	分不开
苯＋乙醇	0.38	0.52	可分开

问 A、B 两组分哪一个极性大？

第十一章
高效毛细管电泳法

> **学习目标**
>
> 1. 掌握毛细管电泳技术的基本原理和毛细管电泳的基本结构；
> 2. 熟悉毛细管电泳的影响因素和基本特点；熟悉毛细管电泳的常见类型；
> 3. 了解高校毛细管电泳的发展和特点。

高效毛细管电泳（high performance capillary electrophoresis，HPCE）是在传统电泳基础上发展起来的一种新型高效分离技术，其管内填充缓冲液或凝胶，以毛细管为分离通道，以高压直流电为驱动力，是近年来进展最快的分析方法之一。毛细管电泳是电泳技术和现代微柱分离相结合的产物，它具有效率更高、速度更快、样品和试剂消耗量特少的优点，受到越来越多科学家们的重视。

第一节 毛细管电泳的基本原理

电泳（electrophoresis）是指带电粒子在电场作用下向着与其本身所带电荷相反的方向移动的现象。据此对某些化学或生物化学组分进行分离的技术称为电泳技术。临床常用的电泳分析方法有醋酸纤维素膜电泳、凝胶电泳、等电聚焦电泳、双向电泳和毛细管电泳等，是基础医学和临床医学研究的重要工具之一。

从 1930 年瑞典科学家 A.Tiselius 首次提出电泳法至今已有八十多年的历史。电泳法的发展大致可分为三个阶段。20 世纪 50 年代以前属初期阶段，主要是界面移动自由电泳，一般在 U 形管内进行，无支持物。20 世纪 50～80 年代属中期阶段，出现了各种有支持物的电泳方法，如纸电泳、醋酸纤维电泳、琼脂糖电泳、聚丙烯酰胺凝胶电泳等，20 世纪 70 年代后实现了仪器的自动化。20 世纪 80 年代以后属后期阶段，出现了毛细管电泳方法，实现了微型化、自动化、高效、快速分析，毛细管电泳技术已经成为同现代色谱技术媲美的分析化学领域中的一个令人瞩目的分支。

毛细管电泳有如下特点。①柱效高：高效毛细管电泳的柱效远高于高效液相色谱，理论塔板数每米高达几十万块，特殊柱子可以达到数百万。②分析速度快、分离效率高：一般几十秒至十几分钟，最多半小时，即可完成一个试样的分析。③消耗低：毛细管电泳所需样品为纳升（nL）级，流动相用量也只需几毫升，而 HPLC 所需样品为微升（μL）级，流动相则需几百毫升乃至更多。④仪器简单，操作方便，容易实现自动化。⑤应用范围广：广泛用于分子生物学、医学、药学、环保等各个领域，从无机小分子到生物大分子，从带电物质到中性物质都可以用 HPCE 进行分离分析。

一、基本原理

1. 电泳

在电解质溶液中，位于电场中的带电离子在电场力的作用下，以不同的速率向其所带电荷相反的电极方向迁移的现象，称之为电泳。由于不同离子所带电荷及性质的不同，迁移速率也不同，可实现分离。

若将带净电荷 Q 的粒子放入电场，在电场强度为 E 的电场中以速率 v_{ep} 移动，则该粒子所受到的电荷引力（F）为：

$$F = QE \tag{11-1}$$

根据斯托克定律，在溶液中，运动粒子与溶液之间存在阻力 F'：

$$F' = 6\pi r \eta v_{ep}（球形粒子）\quad 或者 \quad F' = 4\pi r \eta v_{ep}（棒形粒子） \tag{11-2}$$

当二力平衡时，即 $F = F'$ 时，粒子作匀速泳动：

$$v_{ep} = \frac{EQ}{6\pi r \eta}（球形粒子）\quad 或者 \quad v_{ep} = \frac{EQ}{4\pi r \eta}（棒形粒子） \tag{11-3}$$

由上式可以看出，粒子的移动速率（电泳速率 V）与电场强度（E）和粒子所带电荷量（Q）成正比，而与粒子的半径（r）及溶液的黏度（η）成反比。

2. 电泳淌度

把溶质在给定溶液中和单位电场强度下的电泳速率称为电泳淌度，用 μ_{ep} 表示：

$$\mu_{ep} = \frac{v_{ep}}{E} = \frac{q}{6\pi r \eta}（球形粒子）\quad 或者 \quad \mu_{ep} = \frac{v_{ep}}{E} = \frac{q}{4\pi r \eta}（棒形粒子） \tag{11-4}$$

电泳淌度又有三种表示方法。①绝对淌度（μ_{ab}）：是在无限稀释时单位电场强度下离子的平均迁移速率，它是该离子在一定溶液中的一个特征物理常数。②有效淌度（μ_{ef}）：由于人们不可能在无限稀释而又没有其他离子、酸度等影响下进行工作，有效淌度是实际的离子电泳淌度。③表观淌度（μ_{ap}）：在有电渗存在下，测得的实际离子淌度称为表观淌度或净淌度，是有效淌度 μ_{ef} 和电渗淌度 μ_{os} 的矢量和。

在一定条件下，不同粒子的形状、大小以及所带电量都可能有差别，则电泳淌度也可能不同。溶质粒子的电泳速率取决于粒子淌度和电场强度的乘积，所以淌度不同是电泳分离的内因和前提。

二、电渗现象和电渗流

当固体与液体相接触时，如果固体表面因某种原因带一种电荷，则因静电引力使其周围液体带相反电荷，当液体两端施加一定电压时，就会发生液体相对于固体表面的移动,这种现象叫作电渗。电渗现象中液体的整体流动叫作电渗流(electroosmotic flow,EOF)。

高效毛细管电泳分离的一个重要特性是毛细管内存在电渗流。HPCE 中大多使用石英毛细管,在内充缓冲液 pH＞2 时,管壁的硅醇基(—SiOH)离解成硅醇基阴离子(—SiO⁻),使管壁带负电荷,溶液带正电荷,在管壁和溶液之间形成双电层,如图 11-1 所示。

图 11-1 电渗流的形成

1. 电渗流的大小和方向

电渗流的大小用电渗流速率 v_{os} 表示,其大小取决于电渗淌度 μ_{os} 和电场强度 E。即:

$$v_{os} = \mu_{os} E = \frac{\varepsilon \zeta}{\eta} E \tag{11-5}$$

式中,ε、η 分别是电泳介质的介电常数和黏度;ζ 是毛细管壁的 Zeta 电位,它近似等于扩散层与紧密层界面上的电位。该界面内净电荷数(正电荷数)越多、扩散层越厚,Zeta 电位越大。

一般情况下,石英毛细管内壁表面带负电荷,则电渗流带正电荷,向负极移动。但如果将毛细管内壁改性,比如在内壁表面涂渍或键合一层阳离子表面活性剂,将使壁表面带正电荷,则电渗流带负电荷,向正极移动。电渗流速率约等于一般离子电泳速率的 5～7 倍,所以,各种电性物质在毛细管中的迁移速率为两种速度的矢量和,称为表观电泳速率,用 v_{ap} 表示。

$$v_{ap} = \mu_{ap} E = (\mu_{os} \pm \mu_{ef}) E \tag{11-6}$$

当把试样从阳极端注入到毛细管内时,不同电性的粒子将按不同的速度向负极迁移,从负极端先后流出毛细管。出峰先后次序是:阳离子、中性分子和阴离子,中性分子与电渗流速率相同,不能互相分离。

电渗流的方向取决于毛细管内壁表面电荷的性质。当缓冲液的 pH 在 3 以上时,石英管壁上的硅醇基(≡Si—OH)离解生成阴离子(≡Si—O⁻),使表面带负电荷,它又会吸引溶液中的正离子,形成双电层,从而在管内形成一个个紧挨的"液环"。在强电场作用下,它自然向阴极移动,形成了电渗流。电渗流迁移率大小与缓冲液的 pH 值高低及离子强度有密切关系。pH 值越高,电渗流迁移率越大;离子强度越高,电渗流迁移率反而变小;在 pH 为 9 的 20mmol·L⁻¹ 的硼酸盐缓冲液中,电渗流迁移率的典型值约为 2mm·s⁻¹。pH 越小,硅醇基带的电荷越少,电渗流迁移率越小；pH 越大，管壁负电荷密度越高，电渗流迁移率越大。若在管内壁涂上合适的物质或进行化学改性，可以改变电渗流的迁移率。例如蛋白质带有许多正电荷取代基，会紧紧地被束缚于带负电荷的石英管壁上，为消除这种情况，可将一定浓度的二氨基丙烷加入到电解质溶液中，此时以离子状态存在的 $^+H_3NCH_2CH_2CH_2NH_3^+$，起到中和管壁电荷的作用。也可通过硅醇基与不同取代基发生键合反应，使管壁电性改变。

2. 电渗流的流型

由于毛细管内壁表面扩散层的过剩阳离子均匀分布，所以在外电场力驱动下产生的电渗流为平流，即塞式流动。液体流动速度除在管壁附近因摩擦力迅速减小到零以外，其余部分几乎处处相等。这一点和 HPLC 中靠泵驱动的流动相的流型完全不同，图 11-2 中表示 HPCE 中电渗流与 HPLC 中流动相的流型及它们对区带展宽的影响。

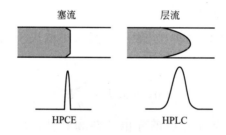

图 11-2　电渗流和高效液相色谱的流型及相应的溶质区带

在外加强电场之后，正离子向阴极迁移，与电渗流方向一致，但移动得比电渗流更快。负离子应向阳极迁移，但由于电渗流迁移率大于阴离子的电泳迁移率，因此负离子慢慢移向阴极。中性分子则随电渗流迁移。一般情况下，电渗流速率约等于一般离子电泳速率的 5~7 倍。可见正离子、中性分子、负离子先后到达检测器。实验证明，不电离的中性溶剂也在管内流动，因此利用中性分子的出峰时间可以测定电渗流迁移率的大小。

因此，电渗流在 HPCE 中起泵的作用，在一次毛细管电泳操作中同时完成正负离子的分离分析，而电渗流的微小变化会影响毛细管电泳分离测定结果的重现性，改变电渗流的大小或方向可改变分离效率和选择性。

三、影响电渗流的因素

1. 电场强度的影响

电场强度是在电场方向上单位长度的电势降落，也叫电势梯度。带电粒子在电场中的移动速率与电场强度、带电粒子的净电荷和大小及形状、支撑介质的特性、操作温度等有关。电场强度越大，带电粒子受到的电场力越大，泳动速率越快。反之亦然。

2. 毛细管材料的影响

不同材料毛细管的表面电荷特性不同,产生的电渗流大小不同,见图 11-3。

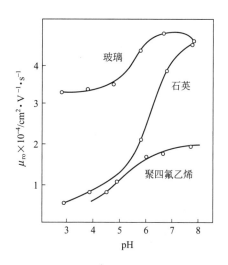

图 11-3 不同材料及 pH 对电渗流的影响

3. 电解质溶液性质的影响

(1) 溶液 pH 的影响　溶液的 pH 决定了带电质点的解离程度,也决定了物质所带电荷的多少。对蛋白质、氨基酸等两性电解质而言,溶液的 pH 离等电点越远,颗粒所带的电荷越多,电泳速率也越快;反之,则越慢。对于石英毛细管,溶液 pH 增高时,表面电离多,电荷密度增加,管壁 Zeta 电势增大,电渗流增大,pH=7,达到最大;pH<3,完全被氢离子中和,表面电中性,电渗流为零。分析时,采用缓冲溶液来保持 pH 稳定。

(2) 缓冲液阴离子的影响　在其他条件相同,浓度相同而阴离子不同时,毛细管中的电流有较大差别,产生的焦耳热不同。

(3) 溶液离子强度的影响　溶液的离子强度对带电粒子的泳动有影响,溶液的离子强度越高,颗粒泳动速率越慢;反之则越快。离子强度太低,扩散现象严重,使分辨力明显降低,从而影响泳动的速率。离子强度太高,会降低颗粒的泳动速率。

4. 温度的影响

毛细管内温度的升高,使溶液的黏度下降,电渗流增大。毛细管溶液中有电流通过时会产生热量,即"焦耳热",温度变化来自"焦耳热"。HPCE 中的焦耳热与背景电解质的摩尔电导、浓度及电场强度成正比。

5. 添加剂的影响

① 加入浓度较大的中性盐,如 K_2SO_4,溶液离子强度增大,使溶液的黏度增

大，电渗流减小。

② 加入有机溶剂如甲醇、乙腈，使电渗流增大。

③ 加入表面活性剂，可改变电渗流的大小和方向；加入阴离子表面活性剂，例如十二烷基硫酸钠（SDS），可以使壁表面负电荷增加，Zeta 电势增大，电渗流增大；加入某些阳离子表面活性剂可使电渗流减小，见图 11-4。

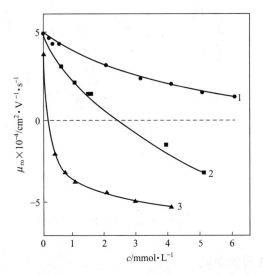

图 11-4　阳离子表面活性剂的浓度和种类对电渗流的影响
●—葵烷基三甲基溴化铵；■—十二烷基三甲基溴化铵；▲—十四烷基三甲基溴化铵

四、柱效和分离度

1. 柱效

毛细管电泳中用理论塔板数 n 和塔板高度 H 表示柱效，其理论表达来源于色谱理论，n 可以直接由电泳图求出：

$$n = 5.54 \left(\frac{t_m}{W_{1/2}}\right)^2 = 16 \left(\frac{t_m}{W}\right)^2 \tag{11-7}$$

式中，t_m 为起点到谱峰最高点所对应的时间，称为迁移时间；$W_{1/2}$ 为半峰宽；W 为峰宽。因为毛细管中，没有固定相，不存在组分在固定相中分配和保留。塔板高度 H 为：

$$H = \frac{L_{ef}}{n} \tag{11-8}$$

式中，L_{ef} 为进样口到检测器的距离，为有效柱长。检测器在柱上，$L_{ef} < L$。

2. 影响分离效率的因素——区带展宽

（1）纵向扩散的影响　在理想毛细管电泳中：①毛细管中的流液为平流，即塞式流动，溶质在柱中的径向扩散几乎完全忽略；②毛细管本身具有抗对流性，对流引起的峰加宽不明显；③没有或很少有溶质与管壁间的相互吸附作用，忽略吸附引起的加宽作用。此时，可认为溶质的纵向扩散是高效毛细管电泳中引起溶质峰加宽的唯一因素，则：

$$n = \frac{\mu_{ap} V L_{ef}}{2D} \tag{11-9}$$

式中，D 为溶质的扩散系数。由此看出，①表观电渗淌度 μ_{ap} 大，工作电压 V 大，扩散系数 D 小，都可使 n 大，分离效率高；②在相同电流条件下，扩散系数小的溶质比扩散系数大的溶质的分离效率高，即扩散引起的峰加宽较小，分离效率较高。这就是 HPCE 能高效分离生物大分子（如蛋白质、核酸等）的理论依据。

(2) 进样的影响　毛细管电泳能够允许的体积很小，一般为 10～50nL，塞长小于毛细管柱长的 1%。

(3) 焦耳热和温度梯度的影响　电流通过毛细管内缓冲溶液时产生自热，称为焦耳热。焦耳热通过管壁向周围环境散热，管中心温度最高，由中心向管壁温度逐渐下降。温度高黏度小，因而管中心的迁移速率最快，管壁附近的迁移速率最慢，破坏了溶质带的扁平流轮廓，导致溶质区带展宽。为了消除焦耳热的影响，常采用温度控制装置，以尽快除去热量，使系统尽可能地保持恒温。冷却温控的方法有两种——气冷和液冷，一般条件下，用气冷已可以满足要求。

(4) 溶质与壁的相互作用——吸附效应的影响　溶质与管壁的相互作用主要表现为管壁对溶质的吸附。大多数蛋白质（约 75%）的 pI>4，在通常操作的缓冲溶液 pH 下带正电，因此，管壁对蛋白质的吸附成为毛细管电泳分离中的一个突出问题。由于吸附，使区带增宽，导致峰拖尾或变形，甚至消失。常用的减小吸附的方法是：加入两性离子代替强电解质，两性离子一端带正电，另一端带负电，带正电一端与管壁负电中心作用，浓度约为溶质的 100～1000 倍时，抑制对蛋白质吸附，又不增加溶液电导，对电渗流影响不大。

电分散：电分散起源于样品塞与操作缓冲溶液间电场强度的差异，即样品区带中的缓冲溶液浓度（或电阻率）与毛细管其他地方的浓度（或电阻率）不同时，就导致样品塞与毛细管其他地方电场强度不等，由此产生电场强度差异，引起区带电分散，使区带增宽、变形。

(5) 其他因素的影响

① 层流使区带增宽。如果毛细管中因某种原因产生压力差，就会出现层流。层流属抛物线流型。毛细管内一旦产生层流，将引起扩散增强，使区带增宽。如毛细管两端液面高度差诱导的层流效应。

② 电分散使区带增宽。当溶质区带与缓冲溶液区带的电导不同时，也造成谱带展宽；尽量选择与试样淌度相匹配的背景电解质溶液。

3. 分离度

毛细管中的分离度也用 R 表示，可按谱图直接由下式计算：

$$R = \frac{2(t_{m_2} - t_{m_1})}{W_1 + W_2} \tag{11-10}$$

式中，t_{m_1}、t_{m_2} 分别为两组分的迁移时间；W_1 和 W_2 分别为两组分的峰宽。分离度也可表示为柱效的函数：

$$R = \frac{\sqrt{n}}{4} \cdot \frac{\Delta v_{ap}}{\overline{v}_{ap}} = 0.177 \Delta \mu_{ep} \sqrt{\frac{V L_{ef}}{DL \overline{\mu}_{ap}}} \tag{11-11}$$

由式(11-11)可看出，影响分离度的主要因素是工作电压 V、毛细管有效长度与总长度比 L_{ef}/L、有效淌度差 $\Delta \mu_{ep}$。

第二节　毛细管电泳仪

毛细管电泳仪的结构并不复杂，基本结构包括高压电源、毛细管柱、缓冲液槽、进样系统、检测器、恒温系统及数据记录和处理系统，如图 11-5 所示。

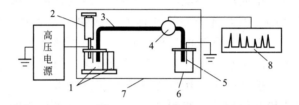

图 11-5　毛细管电泳仪结构示意图
1—高压缓冲液槽与进样系统；2—填灌清洗；3—毛细管柱；4—检测器；
5—铂丝电极；6—低压缓冲液槽；7—恒温系统；8—数据记录/处理

由于毛细管内径的限制，检测信号是最突出的问题。紫外-可见分光光度法是常用的检测方法，但是受到仪器、单波长等因素的限制。目前应用最广泛的是二极管阵列检测器，常规的检测器还有灵敏度很高的激光光热和荧光检测器。近些年，在实际应用中还产生了激光诱导荧光、有良好选择性的安培、通用性很好的电导及可以获得结构信息的质谱等多种检测器。使用时应该根据所分析物质的特点，选择相应分离模式和检测器，以扬长避短，得到最佳分析效果。

一、高压电源

高压电源是样品在溶液中迁移的动力来源，是组成高效毛细管电泳装置的重要设备。对高压电源一般有如下要求：①0~30kV 稳定、连续可调的直流电源；②具有恒压、恒流、恒功率输出；③电场强度程序控制系统；④电压稳定性，0.1%；⑤电源极性易转换。目前，常用的高压电源输出电压为 0~30kV（或相近）可调节直流电源，可供应约 300μA 电流，具有稳压和稳流两种方式可供选择。由于绝缘材料的限制，电压不能太高，以免损坏仪器。同时，为使实验能够安全进行，在操作者与仪器设备之间必须加绝缘系统，以防止高电压可能在毛细管内和仪器内产生的电晕放电。

二、毛细管柱

毛细管电泳的分离过程主要在毛细管柱内完成，它是毛细管电泳仪的核心部件，通常都是圆管形的。理想的毛细管柱应是化学惰性和电惰性的，紫外和可见光可以透过，有一定的柔性，易于弯曲，耐用且价低。毛细管柱的材料可以是聚四氟乙烯、玻璃和弹性石英等。其中聚四氟乙烯可以透过紫外光，因此，不用另开窗口，其有电渗，但很弱，主要缺点是很难得到内径均匀的管子，对样品有吸附作用，热传导性差，在使用过程中有变性现象，因此，应用范围不广。玻璃的电渗最强，但有杂质。目前采用的毛细管柱的材料主要是石英，石英可分为天然和人造两大类。天然石英要在真空焰或高温石墨炉中加热融化，制成融熔石英，人造石英则是由四氯化硅燃烧水解而成，基本成分是二氧化硅。与玻璃相比石英表面的金属杂质极少，不会对有一定电子密度的化合物产生非氢键型吸附。但是和玻璃一样有硅醇基团，这种硅醇基团是构成氢键吸附并导致毛细管内电介质产生电渗流的重要原因。

此外，影响毛细管柱性能的参数还有管内径、柱长度和管壁的厚度。目前商品毛细管柱大体采用内径 $25 \sim 75 \mu m$ 的原料管，毛细管长度称为总长度，根据分离度的要求，可选用 $20 \sim 100 cm$ 长度，进样端至检测器间的长度称为有效长度。毛细管柱的长短和管壁的厚度需要根据实际情况加以权衡。

三、缓冲液槽

缓冲液槽要求化学惰性，机械稳定性好。毛细管电泳的电极通常由直径 $0.5 \sim 1mm$ 的铂丝制成，电极槽通常是带螺口的小玻璃瓶或塑料瓶（$1 \sim 5mL$ 不等），要便于密封。多种型号的仪器将样品瓶同时用作缓冲液槽。

四、进样系统

进样量很小，最小量仅为数纳升，必须采用自动进样方式，且机械稳定性好。每次进样之前毛细管要用不同溶液冲洗，选用自动冲洗进样仪器较为方便。目前主要有真空进样和电动进样两种，真空进样在定量和重复性方面较好。进样方法有压力（加压）进样、负压（减压）进样、虹吸进样和电动（电迁移）进样等。进样时通过控制压力或电压及时间来控制进样量。

五、检测器

毛细管电泳的更新发展需要有灵敏的检测器与之相适应。电泳毛细管的直径极小，产生的溶质谱带体积也极小，要求既对溶质作灵敏的检测，又不使微小的区带展宽，通常采用的解决办法是在电泳的柱上直接检测。检测系统包括紫外-可见光分光检测、激光诱导荧光检测、放射检测器、电化学检测和质谱检测均可用作毛细管电泳的检测器。其中以紫外-可见分光光度检测器应用最广，包括单波长、程序波长和二极管阵列检测器。将毛细管接近出口端的外层聚合物剥去约2mm一段，使石英管壁裸露，毛细管两侧各放置一个石英聚光球，使光源聚焦在毛细管上，透过毛细管到达光电池。紫外-可见分光光度检测器的灵敏度可达 $10^{-15} \sim 10^{-14}$ mol，荧光检测器可达到 $10^{-19} \sim 10^{-7}$ mol。对无光吸收（或荧光）的溶质的检测，还可采用间接测定法，即在操作缓冲液中加入对光有吸收（或荧光）的添加剂，在溶质到达检测窗口时出现反方向的峰。在毛细管电泳中使用的电化学检测器有安培型（在固定电压下测定电流的大小)和伏安型(在不同的电压下测定电流的大小)两种。由于安培型电化学检测器简单且检测限很低,故使用较多,但它只能提供一个电流随时间变化的信息;伏安型可得到电流随电压变化的信息,这样有助于在混合物中鉴定个别化合物,对分离不好的化合物可提供一个用电化学方法解决问题的机会。

六、数据记录和处理系统

与一般色谱数据处理系统基本相同,毛细管电泳仪输出讯号和记录装置相连,记录装置可以是一个普通的记录仪、积分仪,也可以是有控制功能的计算机工作站。

第三节 毛细管电泳相关技术

一、进样技术

大多数毛细管电泳系统具有自动加样的能力,能连续处理批量的标本。常用的自动加样方式有电动进样和气动进样。

1. 电动进样(电迁移进样)

在这种进样方式下,毛细管的阳极端(假设电渗流朝接地段移动),先不与缓冲液接触,而直接置于样品溶液中。然后在很短时间内施加进样电压,使样品通过电迁移进入毛细管,在这种情况下,电迁移是溶质的电泳迁移和毛细管中的电渗流的综合效果。其装置简单,不需要附加设备,在介质黏度很高时使用更加有力。它还是凝胶电泳进样的唯一方式(因为在凝胶电泳中,压力进样困难并有可能把凝胶压出,使系统受到破坏)。

2. 气动进样(压差进样)

这是最常用的进样方法。具体做法有三种:在进样端加压;在出口端加压;调节进样槽和出口槽之间的相对高度使之产生虹吸作用,将样品引入。

进样时要注意以下几点:

① 毛细管一旦插入样品溶液,应立即开始进样操作,并在操作完成后迅速将其从样品槽移至运行缓冲液中,立即开始运行,否则将会产生毛细作用及虹吸现象,引起误差并使谱带展宽。

② 如果电极和毛细管接触,毛细作用可能导致进样时样品区带出现间断现象,使定量精度降低,区带展宽,甚至使峰分裂。另外,样品和缓冲液液面的高度不一致所产生的虹吸现象也会造成进样精度的下降。

③ 只要检测器的灵敏性能提供足够的信号强度,进样区带越小越好,加大进样区带会使分离度降低。从这个意义上来说,进样时间以短为宜。但是,时间太短常会使精度出现差异,特别是在柱子较短、较粗或样品浓度较高时,更是如此。

④ 温度也是影响进样体积的一个比较重要的因素,因为温度直接影响到黏度,

当然这种影响不那么严重，因为样品区带只占整个体积的极小部分。

⑤ 样品溶液和运行缓冲液不同，样品溶液中的溶剂必须能和运行缓冲液互溶，并且不引起后者沉淀。另外，前者离子强度要低于后者离子强度。

⑥ 关于样品溶液和缓冲液的损耗和蒸发问题。毛细管和电极都相对较细，需要用合适的封闭装置，防止蒸发，通常宜测定蒸发的过程并根据运行时间的长短加以校正。除蒸发问题外，离子的电泳会使缓冲液从一个槽流到另一个槽中而造成损失。由于这个过程中水不断地电离，以使电中性得以保持，但最终会造成一个槽到另一个槽时离子无法保持平衡，而使其中的缓冲液 pH 改变。通常采用大体积的缓冲液或频繁地更换缓冲液来解决这一问题。

二、操作流程

毛细管电泳的基本操作流程包括清洗毛细管、更换电泳缓冲液、进样、电泳并同时在线检测等步骤。

1. 清洗毛细管

对于一根新的或久未使用的毛细管，需用 $1mol \cdot L^{-1}$ 的 NaOH 溶液、$0.1mol \cdot L^{-1}$ NaOH 溶液、超纯水依次清洗。在有些情况下还需用 $0.1mol \cdot L^{-1}$ 盐酸、甲醇或去垢剂清洗，强碱溶液可以清除吸附在毛细管内壁的油脂、蛋白质等，强酸溶液可以清除一些金属或金属离子，甲醇、去垢剂可去除疏水性强的杂质。

在进行每次分析前，可用相当于毛细管总体积 2～3 倍的 $0.1mol \cdot L^{-1}$ 的 NaOH 溶液清洗一遍，一般为 2～3min，再用超纯水依次清洗后注入电泳缓冲液，以保证分析结果的重复性。

2. 更换电泳缓冲液

上一步清洗过程结束后，毛细管和电极从清洗液中移至电泳缓冲液，不可避免地将强碱或强酸等溶液带至其中。缓冲液本身也会因挥发、电泳等而改变其离子强度。因此对于精确分析，每分析五次后需更换一次样品盘中的缓冲液。一般分析，半天更换一次即可。有些品牌的毛细管电泳仪具有自动更换电泳缓冲液的功能，即将进样盘中已用过的缓冲液排入废液瓶中，并从贮存瓶中引入新鲜的溶液。

3. 进样

进样方式有多种，每次进样量非常小。无论采用何种进样方式，毛细管插入样品溶液的深度一般要小于毛细管总长度的 1%～2%，以尽量减少样品溶液经毛细吸附进入毛细管，以免影响进样量的精确性，样品管中溶液最少需 $5\mu L$，进样体积为 1～50nl，因此每次分析所耗的样品量约为样品管中溶液的 1/1000，样品可多次分析。经毛细管电泳后可再通过高效液相色谱法进行分离、序列测定等工作。

为防止样品挥发造成浓度改变，可对样品管加橡皮盖、盖子中间留有一缝隙，毛细管和电极可以自由出入。将样品盘连接至外围的冷却装置也可减少样品的挥发，并且还可保持蛋白质的活性。虽然绝大多数仪器进样时间可精确至 0.1s，但是由于毛细管在插入样品管时不可避免地会黏附一些溶液，进样时间过短会影响分析结果的重复性。通常进样时间可选择 0.5~1s，此时黏附的样品量相对于应吸入的体积可以忽略不计。

受毛细管内总体积的制约，对于浓度很稀的样品，毛细管电泳不能像高效液相色谱法那样可以靠加大进样量来提高检测灵敏度，但是可以采取一些措施使其得以改善。首先可以通过样品缓冲液和电泳缓冲液离子强度的不同来实现。当样品缓冲液的电导明显低于（100 倍以上）电泳缓冲液的电导时，一旦在毛细管两端通上电压，可在样品区带前后形成一个更大的电场，使得样品溶液中的分子更快迁移。当这些分子趋向于到达电泳缓冲液边界时，这个附加产生的电场减弱，这些分子迁移减慢，直至样品移至电泳缓冲液边界，样品区带内电场均一。样品区带由宽变窄，样品中各成分得以浓缩。假如样品缓冲液和电极缓冲液的电导一样，而样品浓度较稀，不适合再作稀释，可以在进样前先吸入一些水，也能达到浓缩的目的。无论采取何种进样方式，上述方法都可以使样品自动堆积浓缩。必须注意的是采取这种浓缩堆积方法时，由于在堆积区带电势陡降，会导致此区带温度升高。

4. 电泳并同时在线检测

石英毛细管可以透过 190~700nm 范围内的光，在实验时应尽量选用低波长检测以提高灵敏度。与此相应地，电泳缓冲液必须在低波长下紫外吸收低，否则会增加基线噪音并降低检测信号。磷酸盐、硼酸盐等无机盐缓冲液符合上述条件，因而被广泛使用。若选用生物实验中常见的 HEPES、CAPS、Tris 等缓冲液时，则检测波长不得低于 215nm。与检测器相连的记录系统（记录仪、积分仪、电脑等），除可显示分离图谱外，还可以根据峰面积积分进行定量分析。但定量分析时要注意，不同的分子在毛细管电泳中的泳动速率不一致导致泳动慢的分子积分面积大，这可以通过峰面积被除以迁移时间进行校正。

第四节　常用毛细管电泳分离模式

一、毛细管区带电泳

毛细管区带电泳（capillary zone electrophoresis，CZE）也称为毛细管自由溶液区带电泳，是毛细管电泳中最基本、应用最广泛的一种分离模式，通常把它看成是其他各种操作模式的母体。这种方法一方面可减少焦耳热效应导致的区带加宽，另一方面又可借用高效液相色谱的检测技术实现在线检测，还可免去染色、脱色和扫描或照相等操作。

在充满电解质溶液的毛细管中，不同质荷比大小的组分，在电场的作用下，依迁移速度的不同而分离。根据组分的迁移时间进行定性分析，根据电泳峰的面积或高度进行定量分量。它适用于小离子、小分子、肽类、蛋白质的分离，在一定限度内适合于 DNA 的分离。但是无法将中性分子分离开来，对于荷质比相同的不同离子也无法分开。组分在毛细管区带电泳中的流出顺序主要与组分的荷质比有关。它可实现很小体积带电离子的快速、高效分离。

进行毛细管区带电泳时，根据其带电粒子的荷质比的不同来进行分离。电场作用下，毛细管柱中将出现电泳现象和电渗流现象。带电粒子的迁移速度受电泳与电渗流的共同影响，取决于两种速度的矢量和。阳离子的移动方向和电渗流一致，在负极最先流出；中性粒子无电泳现象，受电渗流影响，在阳离子后流出；阴离子的移动方向与电渗流相反，但电渗流速度大于电泳时，阴离子在负极最后流出。除中性粒子外，不同带电离子不但可以按带电性质进行分离，带电量不同的离子由于受到的电力大小不一样，也同时被相互分离。

毛细管区带电泳的突出特点是简单、高效、快速、样品用量小，易自动化操作，比传统电泳（薄层电泳、柱电泳）有较强的分析功能。毛细管区带电泳不但能分析高效液相色谱法能分析的中小分子样品，而且更适合分析扩散系数小、高效液相色谱法分析困难的大分子样品。毛细管区带电泳是化学超微量分析的有效手段，可用于生物、医学、环境和工业生产等各个方面的分析工作中。可分析的对象有：无机离子、部分有机物（胺、酚、酮、酯、羧酸、硝基苯、多环芳烃等）、氨基酸（包括光学异构体的拆分）、肽和蛋白质、RNA、DNA 及基因片段、多糖、红细胞等。

二、毛细管凝胶电泳

毛细管凝胶电泳（capillary gel electrophoresis，CGE）在毛细管中装入单体和引发剂引发聚合反应生成凝胶，在凝胶支持物上进行电泳，凝胶具有多孔性，类似分子筛的作用，能根据待测组分的荷质比和分子体积的差异而进行分离。常用聚丙烯酰胺在毛细管内交联形成凝胶柱，依据分离支撑物的分离作用不同，又分为变性毛细管电泳和非变性毛细管电泳，前者以质量、分子筛的作用分离，后者以分子筛、电荷/质量比的作用进行分离。凝胶黏度大，能减少溶质的扩散，所得峰形尖锐，能达到较好的分离效果。电流通过导体时产生焦耳热。传统平板凝胶电泳的最大局限性在于其无法克服两端高电压带来的焦耳热所产生的负面影响。焦耳热可使筛分介质内部出现温度、黏度及分离速度的不均一，影响迁移、降低效率、使区带变宽。由于这种负面影响与电场强度成正比，所以极大地限制了高电压的引入，也难以提高电泳速度。毛细管电泳使样品在一根极细的柱子中进行分离。细柱可减小电流，使焦耳热的产生减少；同时又增大了散热面积，提高散热效率，大大降低了管中心与管壁间的温差，减少了柱子径向上的各种梯度差，保证了高效分离。因此可以加大电场强度，达到 $100\sim200\text{V}\cdot\text{cm}^{-1}$，全面提高分离质量。这种方法主要用于分析蛋白质、DNA 等生物大分子。毛细管电泳正在向第二代 DNA 测序仪发展，并在人类基因组计划中起重要作用。另外还可以利用聚合物溶液，如葡聚糖等的筛分作用进行分析，称为毛细管无胶筛分。

在进行分析时将毛细管内充满了凝胶，毛细管两端通高压电，使凝胶内带电分子移到毛细管相反电荷的一端。因为不同大小分子的电荷比不同，以不同的速率在管中移动，到达毛细管终点也有快有慢，所以毛细管电泳就可以探测、分离不同分子。

毛细管凝胶电泳具有以下特点：
① 所需样品量少、仪器简单、操作简便。
② 分析速度快，分离效率高，分辨率高，灵敏度高。
③ 无须核酸染料，安全无毒。
④ 无须制胶，省时省力。
⑤ 无须照胶，杜绝人工分析结果误差。
⑥ 自动出结果，包括片段大小和样品浓度，软件可输出电泳峰图、凝胶电泳图、DNA 片段碱基差异分析、相对定量分析。

三、毛细管胶束电动色谱

毛细管胶束电动色谱（micellar electrokinetic capillary chromatography，MECC），又称为微团电动毛细管层析。当把离子型表面活性剂加入缓冲液中，并且其浓度足够大时，这种表面活性剂单体就结合在一起，形成有疏水内核、外部带负电称为胶束的球体，使 MECC 系统中存在流动的水相和起固定作用的胶束相。虽然带负电的胶束的电泳方向是朝着电场的正极，但一般情况下，电渗流的速度大于胶束的电泳速度，故胶束实际上以较低的速度向负极移动。在含有胶束的流动相中，溶质在"水相"和"胶束相"（准固定相）之间进行分配，即使是中性溶质，因其本身疏水性不同，在二者之间的分配也会有差异，疏水性强的溶质在"胶束相"中停留时间长，迁移速度就慢。反之，亲水性强的溶质迁移速度就快，最终中性溶质将依其疏水性不同而得以分离。为取得良好的分离度，可通过选择胶束的种类和浓度，改变缓冲液的种类和组分、pH、离子强度和添加有机改性剂等手段进行优化，提高选择性和分离度。其最大特点是使毛细管电泳有可能在用于离子型化合物分离的同时，进行中性物质的分离，加强了毛细管电泳的选择性，弥补了中性分子分离方向的不足，因此在各个领域特别是生物医药领域显示了广泛的应用前景。

四、毛细管等电聚焦电泳

毛细管等电聚焦电泳（capillary isoelectric focusing，CIEF）在电场作用下，带

电的分子会在电解质溶液中作定向迁移,这种迁移与分子的电荷状况有关。对于类似于蛋白质这样一类分子而言,其荷电状况视介质的 pH 而异。在某一个 pH 时,蛋白质分子的表观电荷数为零,通常把这一 pH 称为蛋白质的等电点(pI),不同的蛋白质等电点不同。显然,如果这一类分子处于 pH 和其等电点一致的介质中时,其迁移就会停止。如果介质内的 pH 是位置函数,即有一个 pH 的位置梯度,那么有可能使不同等电点的分子分别聚集在不同的位置上不作迁移而彼此分离,这就是等电聚焦分离过程。毛细管的等电聚焦是在毛细管内实现的等电聚焦过程,具有极高的分辨率,通常可以分离等电点差异小于 0.01pH 单位的两种蛋白质,例如肽类、蛋白质的分离。

五、毛细管等速电泳

毛细管等速电泳(capillary isotachophoresis,CITP)是一种较早采用的模式,是电泳中唯一的分离组分与电解质一起向前移动,同时进行分离的电泳方法。毛细管等速电泳在毛细管内的电渗为零,缓冲系统由前后两种不同浓度的电解质组成。毛细管内首先导入具有比被分离各组分电泳淌度高的前导电解质,然后进样,随后再导入比各分离组分电泳淌度低的尾随电解质,在强电场的作用下,各被分离组分在前导电解质与尾随电解质之间的空隙中发生分离。达到平衡时,各组分区带上电场强度的自调节作用使各组分区带具有相同的迁移率,故而得名。常用于分离小离子、小分子、肽类及蛋白质,目前应用已少。

六、毛细管电色谱

毛细管电色谱(capillary electrochromatography,CEC)是在毛细管电泳技术的不断发展和液相色谱理论日益完善的基础上逐步发展起来的,它实际包含了电泳和色谱两种机制,是在毛细管中填充或在毛细管壁上键合(或涂壁)固定相,从而构成毛细管色谱柱,依靠电渗流推动流动相,携带样品迁移,根据样品分子的荷质比、分子尺寸及分配系数的差别而分离。它与区带毛细管电泳的区别是具有电泳和色谱两种作用力,因此适用范围更加广泛。用于此法的毛细管填充柱有微填充毛细管柱和凝胶毛细管柱等,用于毛细管色谱法的开管柱有壁键合毛细管柱等。

七、毛细管电泳芯片

毛细管电泳芯片(capillary electrophoresis chip)是在常规毛细管电泳的原理和技术基础上,利用微加工技术在平方厘米级大小的芯片上加工出各种微细结构,如通道和其他功能单元,通过不同的通道、反应器、检测单元等的设计和布局,实现样品的进样、反应、分离和检测,是一种多功能化的快速、高效和低耗的微型实验装置。到目前为止,毛细管电泳芯片已用于糖类化合物的分离检测、寡核苷酸的分离、DNA 测序和 DNA 限制性片段分离等分离分析研究。随着应用实践的不断增加,该项技术将成为临床实验室的有效分析工具。

案例分析

毛细管电泳法分离血清中乳酸脱氢酶同工酶

利用还原型辅酶（NADH）在波长 320nm 处特异性吸收峰，用毛细管区带电泳检测人血清中乳酸脱氢酶（LDH）同工酶。实验采用未涂层毛细管，长约 60cm，内径 75μm，二氨基二甲基1,3-丙二醇（AM$_2$P），缓冲液含 20mmol·L^{-1} 的氧化型辅酶Ⅰ（NAD$^+$）、51.6mmol·L^{-1} 的乳酸锂。先将未加抗凝剂的静脉血 3000r·min^{-1} 离心，获取血清，后用缓冲液 5 倍稀释后加样，以 10kV 进行电泳，在约 30min 内完成电泳分离，乳酸脱氢酶同工酶（LDH$_1$）、乳酸脱氢酶同工酶 5（LDH$_5$）纯品各自均可得到较好峰形。

习题

一、填空题

1. 带电粒子在电场中的移动速率与_____、_____、_____、_____等有关。

2. 毛细管电泳仪的基本结构包括_____、_____、_____、_____、_____和_____。

3. 大多数毛细管电泳系统具有自动加样的能力，能连续处理批量的标本，常用的自动加样方式有_____和_____。

4. 毛细管电泳的基本步骤包括_____、_____、_____、_____等步骤。

二、选择题

1. 大多数蛋白质电泳用巴比妥或硼酸缓冲液的 pH 是（　　）。
   A. 7.2~7.4　　　　　　B. 7.4~7.6
   C. 7.6~8.0　　　　　　D. 8.2~8.8

2. 下列有关电泳时溶液的离子强度的描述中，错误的是（　　）。
   A. 溶液的离子强度对带电粒子的泳动有影响
   B. 离子强度越高、电泳速度越快
   C. 离子强度太低，缓冲液的电流下降
   D. 离子强度太低，扩散现象严重，使分辨力明显降低

3. 电泳时 pH、颗粒所带的电荷和电泳速度的关系，下列描述中正确的是（　　）。
   A. pH 离等电点越远，颗粒所带的电荷越多，电泳速度也越慢
   B. pH 离等电点越近，颗粒所带的电荷越多，电泳速度也越快

C. pH 离等电点越远，颗粒所带的电荷越少，电泳速度也越快

D. pH 离等电点越远，颗粒所带的电荷越多，电泳速度也越快

4. 一般来说，颗粒所带净电荷量、直径和泳动速度的关系是（　　）。

A. 颗粒所带净电荷量越大或其直径越小，在电场中的泳动速度就越快

B. 颗粒所带净电荷量越小或其直径越小，在电场中的泳动速度就越快

C. 颗粒所带净电荷量越大或其直径越大，在电场中的泳动速度就越快

D. 颗粒所带净电荷量越大或其直径越小，在电场中的泳动速度就越慢

5. 等电聚焦电泳，是一种（　　）。

A. 分离组分与电解质一起向前移动的同时进行分离的电泳技术

B. 能够连续地在一块胶上分离数千种蛋白质的电泳技术

C. 利用凝胶物质作支持物进行的电泳技术

D. 利用有 pH 梯度的介质，分离等电点不同的蛋白质的电泳技术

6. 毛细管电泳的特点是（　　）。

A. 容易自动化，操作繁杂，环境污染小

B. 容易自动化，操作简便，环境污染大

C. 容易自动化，操作简便，环境污染小

D. 不易自动化，操作简便，环境污染小

7. 毛细管等速电泳常用于分离（　　）。

A. 小离子、小分子、肽类及蛋白质

B. 大离子、小分子、肽类及蛋白质

C. 小离子、大分子、肽类及蛋白质

D. 小离子、中分子、肽类及蛋白质

8. 理想的毛细管柱除应具有一定的柔性、易于弯曲，还应是（　　）。

A. 化学和电惰性的、紫外光可以透过、耐用又便宜

B. 化学和电惰性的、红外光可以透过、耐用又便宜

C. 化学和电惰性的、可见光可以透过、耐用又便宜

D. 化学和电惰性的、紫外和可见光可以透过、耐用又便宜

9. 下述有关毛细管区带电泳的叙述中，不正确的是（　　）。

A. 也称为毛细管自由溶液区带电泳

B. 是毛细管电泳中使用最少的一种技术

C. 根据组分的迁移时间进行定性

D. 根据电泳峰的峰面积或峰高进行定量分析

10. 下述对毛细管凝胶电泳原理的叙述中，不正确的是（　　）。

A. 是将板上的凝胶移到毛细管中作支持物进行的电泳

B. 凝胶具有多孔性

C. 能根据待测组分的离子强度不同而进行分离

D. 起类似分子筛的作用

三、简答题

1. 简述毛细管电泳的基本概念和基本原理。
2. 影响电泳的因素有哪些?
3. 溶液的 pH 对电泳速度有何影响?
4. 简述毛细管电泳仪的基本结构。

各章选择题参考答案

第二章

1. C 2. D 3. A 4. C 5. D 6. B 7. B 8. B 9. A 10. A 11. B 12. D 13. C 14. A 15. C 16. B 17. D 18. D 19. C 20. C

第三章

1. D 2. C 3. C 4. A 5. B 6. A 7. D 8. C 9. B 10. D 11. B 12. B 13. C

第四章

1. B 2. A 3. C 4. B 5. B 6. C

第五章

1. D 2. C 3. A 4. C 5. D 6. B 7. D 8. C 9. B 10. D

第六章

1. D 2. D 3. D 4. D 5. C 6. D 7. B 8. B 9. B 10. C 11. C 12. D 13. B 14. D 15. D 16. C 17. D 18. C 19. B 20. D

第七章

1. B 2. D 3. B 4. A 5. C 6. D 7. C 8. C 9. C 10. D

第八章

1. C 2. D 3. A 4. C 5. B 6. B 7. B 8. C 9. C 10. D

第九章

1. B 2. A 3. D 4. B 5. B 6. D 7. B 8. C 9. B 10. A

第十章

1. D 2. A 3. C 4. B 5. A 6. B 7. C 8. A 9. A 10. C

第十一章

1. D 2. B 3. D 4. A 5. D 6. C 7. A 8. D 9. B 10. C

参 考 文 献

[1] 许金生. 仪器分析. 南京：南京大学出版社，2003.
[2] 武汉大学化学系. 仪器分析. 北京：高等教育出版社，2006.
[3] 方惠群，于俊生，史坚. 仪器分析. 北京：科学出版社，2007.
[4] 严拯宇. 分析化学. 南京：东南大学出版社，2005.
[5] 李发美. 分析化学. 5 版. 北京：人民卫生出版社，2005.
[6] 马广慈. 药物分析方法与应用. 北京：科学出版社，2000.
[7] 刘约权. 现代仪器分析. 2 版. 北京：高等教育出版社，2006.
[8] 陆家政，傅春华. 基础化学. 北京：人民卫生出版社，2009.
[9] 钟国清，蔡自由. 大学基础化学. 2 版. 北京：科学出版社，2009.
[10] 林新花. 仪器分析. 广州：华南理工大学出版社，2002.
[11] 郭英凯. 仪器分析. 北京：化学工业出版社，2009.
[12] 谢庆娟，杨其绛. 分析化学. 2 版. 北京：人民卫生出版社，2009.
[13] 丁黎. 药物色谱分析. 北京：人民卫生出版社，2008.
[14] 曹国庆. 仪器分析. 北京：高等教育出版社，2007.
[15] 朱明华. 仪器分析. 北京：高等教育出版社，2002.
[16] 司文会. 现代仪器分析. 北京：中国农业出版社，2005.
[17] 张广强，黄世德. 分析化学：下册：仪器分析. 3 版. 北京：学苑出版社，2001.
[18] 郭永，杨宏秀，等. 仪器分析. 北京：地震出版社，2001.
[19] 吕玉光. 现代仪器分析方法及应用研究. 北京：中国纺织出版社，2018.
[20] 林新花. 仪器分析. 广州：华南理工大学出版社，2019.